Beds
Borde
花坛与花境设计

美好家园 编著

周 洁 译

美好家园 Better Homes and Gardens | 长江出版传媒 湖北科学技术出版社

目　录

注：文中出现的适生区为美国对应区域，中国对应的适生区可查询网站：www.plantmaps.com

致初学者

无论是何种类型的花坛和花境，简单的还是复杂的，都需遵循景观设计的基本规则。

左上图：将株高较高的植物放置在花坛后部，中等高度的植物放置在中间，较矮的植物沿着花坛前面摆放。

左下图：叶片也能让花园色彩斑斓！这处小花坛设计采用的植物组合为：橙绿色叶片的玉簪搭配紫色系矾根，还有带有灰蓝色叶片的荷包牡丹。

快速浏览下列内容之后，你会发现这里所列的很多原则在日常工作中都会经常用到。如果愿意，可以用本书中的一些观点和实例来调整你的设计方案，也可以创造一个自己喜欢的独具特色的全新设计。花坛和花境的基本设计规划包括以下内容：

尽量扩大花坛或花境的体积。越大型的花坛或花境，设计师的发挥余地越大，可以进行更多、更丰富的混合搭配，以确保花坛中三季有花，月月有景。如果花坛外形是只有1英尺或2英尺（1英尺≈0.3048米）宽的细窄条，那么设计会大受局限，但若其深度能够达到4～5英尺，建造出来的景观效果也会极富视觉冲击力。

依据植物株高确定摆放位置。把株高较高的植物放置在花坛的后部，中等高度的植物放置在中间，较矮的植物（有时我们称它们为镶边植物或饰边植物）放置在最前面。

选用外形和尺寸相异的植物。将叶片呈羽毛状的植物（例如蕨类植物）放置在叶片硕大的植物旁边（例如玉簪属植物）。也可以在成堆状的玉簪丛中搭配一株叶片长而尖的植物，如山麦冬属植物，以形成对比反差较大的景观效果。

充分考虑叶片的景观效果。各色的花朵当然重要，但是如果能够选用多种叶色不同、形态各异的植物，则可以获得长效的四季景观——而不是仅仅在植物开花时才能呈现出绚丽的美景。

将多种植物混种。把带有绒毛的银色植物与亮丽的深绿色植物种在一起，或是配上几株叶片呈深紫色的植物，以增强景观对比效果。将不同叶色的植物混种在一起，可以让花坛中的每株植物更加清晰可辨，避免整个花坛看上去过于浓密而混沌不清，让人难以辨清到底都种植了何种植物。

按照植物生长习性群植。避免将喜阳的植物和喜阴的植物种植在一起。应将对光照需求较大的植物群植于阳光充足的地方，将耐阴性好的植物群植于光线较弱的地方。

同样，应避免将耐旱性较好的植物（例如百里香）种在喜湿的植物前面（例如橐吾属植物）。如果大量浇水时，花坛里有一种植物长势特别好，那么请注意，这种行为极有可能会“杀死”花坛中的其他植物。

相同类型的植物群植。大面积群植形成的大色块不仅令人赏心悦目而且极具视觉冲击力。如果只是将一两棵植物东种一株，西种一株会给人一种杂乱无章、随便拼凑的感觉。而且在这种混乱的设计中，再漂亮的植物也会被淹没。单株的凤仙种在花坛中会让人感到七零八落、散乱无序，但是如果把25株种在一起，则会营造出苍翠繁茂的景观效果。

配色方案要有持续性。在花园里用有限的色彩来创造出具有震撼力的花坛、花境景观。选定一个配色方案后就要坚持到底。（详见本书第三章）

左上图：为了让花坛整体衔接搭配得更有序，在建造花坛时应确定好色彩搭配方案。图中花坛中的植物有大波斯菊、鼠尾草和银叶菊，构成了经典的粉色、蓝色和银色的组合。

右上图：在设计中避免给人留下临时拼凑的感觉，特别是大面积花坛的设计，应采用6株、8株或更多株植物群植的手法。

花园大智“汇”

盛&衰

作为一个园艺新手要掌握的第一课：每一种开花植物都会达到一个开花鼎盛的时期，我们称为盛花期，这个时期可以持续几天、几周，也有的长达几个月。

例如鬼罂粟（东方罂粟），这个花园中的“大明星”在晚春时花期可达1～2周。但是经过一个夏季，它的叶片会变成棕褐色，不再美丽。（小窍门：将它们种在其他植物中间，其褪色的叶片可以被遮掩住）

另外，多年生鼠尾草，在初夏时其花期可长达数周，如果能够及时将凋谢的花朵摘掉，在第一次摘花后它还会再次开花。当花期结束后，鼠尾草那银灰色的叶片也颇具魅力。

喜欢温暖天气的一年生植物——例如万寿菊、矮牵牛，以及凤仙花属植物，通常需要2～4周才能开始开花。一旦它们的花朵开始出现在花坛中，在接下来的整个生长季都会花开不断，美艳动人，直到霜冻期开始。（如果喜欢，可以买大规格的成品花直接种下，这样花园从始至终都会花繁叶茂）

其实园丁这个角色很像交响乐团的指挥。通过精心安排每一株植物，让整个花园从初春至秋季霜冻都能呈现出色彩斑斓的美景。准确掌握每一种植物的盛花期，然后进行花坛和花境的设计，营造出和谐的景观效果，这一直都是花园设计应遵循的要点。

下图：在花园中填入几株极富吸引力的植物，在它们整个生长季的大多数时间里无论形态还是花色，都极富魅力。例如观赏草和美人蕉。春季，当它们的幼株从土里刚一冒头时，形态就非常可爱迷人。

建造花坛和花境必备的园艺技能

几乎所有的花园设计和建造都需要具备一些基本的植物养护知识以及园艺专业技术。掌握下面这些园艺技能和知识，从而确保自己的花园之旅成功启航。

左上图：浇水是花园中最基本的养护工作，有一些比较不错的浇水方法，要学会聪明地进行这项工作。

左下图：花园中所有的工作都是从土壤中开始的。用大量的堆肥来进行土壤改良，确保植物有个良好的开端，茁壮健康地生长。

日照和遮阴

一些植物需要在阳光充足的条件下才能茁壮成长，而有一些则喜欢呆在荫蔽处。根据植物对日照的喜好程度将植物分为以下几类：

全日照植物：每天至少保证接受6小时的未过滤光线直接照射。很多植物在光照时间更长的条件下长势会更旺，特别是在美国北半部地区，那里光线并不是太强烈。绝大多数色彩斑斓的植物需要在全日照的条件下才能健康生长。

半遮阴／半日照植物：每天接受4～6小时光线直射或更多时长的过滤光照射。在美国南半部地区，很多植物虽喜全日照，但在下午应进行遮阴处理，尤其是一些喜欢湿度充足的植物。

中等至全遮阴植物：每天接受4小时或更少时长的未过滤光线照射，或持续接受过滤光照射。极少数色彩艳丽的植物喜欢这种深度遮阴的环境，但可以通过在植物选择和搭配组合方面的精心设计，用富有趣味性的观叶植物和某些花朵亮丽的植物来打造出一座美丽迷人的花园。

水分管理技巧

1英寸原则。大多数草坪和植物每周需要1英寸（1英寸=0.0254米）深的水。但是，如果种植了一些耐旱性好的植物，再照搬此原则恐怕成功的机会就很小了。

放置雨量测量器。在花园中放置一个雨量测量器是非常明智的做法，这样可以监测到土壤获得水分的情况。

正确浇水。将水直接浇到土壤中，而不是叶片上，因为水分溅到叶片上容易引起真菌性病害。浇水工作应安排在早晨进行，以保证植物有充足的时间将水分蒸发。可以使用自动运行式喷头在日出前后进行浇水工作，这样可以节约用水，但是注意风较大时不要进行浇水工作。

保持容器内的水分充足。在炎热的季节，可能需要每天浇2次水。应尽量避免使用尺寸过小的容器，因为容器内的基质会很快变干。

配制高质量的基质

高品质的基质是建造好花园的基础。基质好，植物会更健康，花园中的野草也会更少，水分的利用率也会更佳。

土壤改良。每次创建新苗床或种植新植物时，应进行土壤改良。

截至目前堆肥是最佳的土壤改良方法。当开始建造苗床时先加5～8厘米的堆肥，此后每年加铺1英寸堆肥。另外，其他有机物质对土壤改良也是非常有益的，但应少量添加。

考虑采用高抬式苗床。如果花园的土质属于重黏土、砂壤土、硬土或岩石土层，采用高抬式苗床是非常有利的。建造一个13～15厘米高的高抬式苗床，种植条件会得到极大的改善。将大量的堆肥和质量上好的表层土混合后填入苗床中，注意应购买来源可靠的表层土。

了解花园所在地的植物适生区

美国农业部根据冬季平均最低温度将全美划分为不同的植物适生区。对于大多数地区的种植者，依据这个图来选择植物是最基本的工作，这样才能确保植物在该地区能够顺利越冬。

但在美国西部，更多、更重要的是考虑植物的耐热性和耐旱性，而不是耐寒性，所以根据适生区的推荐来选择植物就显得并不那么重要了。

植物养护

坚持日常检查。每天在整个花园里遛上一圈，这样可以根据具体情况判断养护管理方面的问题，并尽快安排进行必要的养护工作。而且每天近距离亲密接触一下自己的花园，也可以尽早发现问题并及时采取防护措施。

加铺覆盖物。应在花园的地面上铺设3～8厘米厚的覆盖物，例如切碎的树皮。这样不仅可以保持土壤的湿度，还可以抑制杂草，并减少病害的传播。

及时清除杂草。每天花费几分钟来对付杂草，并进行浇水灌溉工作。如果肯花费10分钟来做这些事情，肯定会收到意想不到的效果。

摘去花头。经常修剪已经凋谢的花枝，这样不仅可以保持花园整洁干净，而且还能促进植株更多地开花。

施肥。堆肥是最棒的土壤改良剂。它可以使植物长势更上一个台阶，而这是化肥不可能达到的效果。除了堆肥之外，每年还可以在花园中撒一些通用型缓释肥。如果植物是种植在容器中的，则要定期施用液体肥，因为频繁地浇水会将基质中的养分冲洗掉。

右上图：购买植物产品时应仔细阅读标签，并全面考虑植物在花园中的应用及表现效果。

右下图：作为园艺种植者，对花园进行持续不断的养护管理是必不可少的工作，这样才能确保花园中的植物健康成长，花园永葆生机。

与色彩共舞

你喜欢蓝色吗？你是否对红色抱有极大的热情？黄色能令你感到愉快吗？
下面就来学习一下如何运用色彩的组合搭配，来建造一个能够给你带来无比愉悦和快乐的美丽花园吧。

左上图：由蓝色和紫色的鸢尾、鼠尾草、白鲜和钓钟柳组成的花园呈现出一派安静而平和的气氛，间或跳跃而出的橙色鬼罂粟迸发出激情和活力。

无论你喜爱何种颜色，都可以开开心心地把你的偏爱“种”到花园中。下面介绍一些专为花坛和花境而设计的“颜值”爆表的配色方案。这些精彩绝伦的“演出”都是经过实践检验的，所以可以放心大胆地将它们运用到花园中，当然，你也可以对其稍加修改，创造出一个属于自己的独一无二的色彩主题花园。

与所有艺术一样，遵循基本的艺术原则才能取得最好的艺术效果：

最简法则。“彩虹色”并不能称为配色方案。将各种颜色的植物如大杂烩般种植在一起，想想最终会是什么样子？结果就是看起来乱糟糟的一团。利用有限几种颜色进行色彩组合才是最明智的配色方案。

灵感启发。阅读园艺杂志，逛一逛公共花园以及浏览互联网，都可以从中受到启发，对于花坛和花境的配色方案产生灵感。是否看到了自己喜爱的配色方案？那么打破原定的色彩计划，买来植物照做或是稍加改动，都不失为一种好方法。

关注一种颜色。刚开始建造色彩主题花园时这是最简便可行的方法。在接下来的章节中，将讲述蓝色、黄色、红色、白色等其他单一色彩的主题花园。

两种或三种颜色的搭配组合。花园里的色彩混合搭配就如同衣柜里衣服的颜色组合一样。蓝色、紫色和粉色组合在一起非常协调。或者可以试一下黄色、蓝色和白色的组合。

考虑叶片的景观效果。植物叶片色彩范围非常宽泛，从中绿到深绿、橙绿色、黄绿色和灰绿色。还有一些植物的叶片呈深紫色，有的植物叶片则带有色块、斑点、条纹或其他五颜六色的花纹。在设计花园配色方案时应自始至终充分考虑植物叶片的色彩以及形状。（例如，蓝色和白色主题花园如果搭配灰色的叶片会呈现出古典高雅之美）

左下图：淡紫色的藿香蓟、深紫色的天芥菜（香水草）、天蓝色的黑种草‘Love in a mist’、夏堇、龙面花的组合将这处高抬式小花境装扮得十分引人注目。

花园大智“汇”

并非所有的颜色明亮度都是相同的

植物组合时应注意色彩亮度的不同。例如黄色，有一种柔和的，像粉彩般的奶油黄；也有较明亮的，如警告标志牌那样的明黄；也有柔和的金黄色；或是几乎和荧光灯差不多的黄色。在进行植物组合时应将色彩亮度相似的植物种植在一起。颜色较淡的植物挨着淡色的植物，色调清新明亮的植物和其他亮色调的植物种在一起，而色彩柔和的植物应和颜色不太亮的植物种在一起，等等。按照这个原则进行植物组合才能创造出光彩夺目且凝聚力强的景观效果。

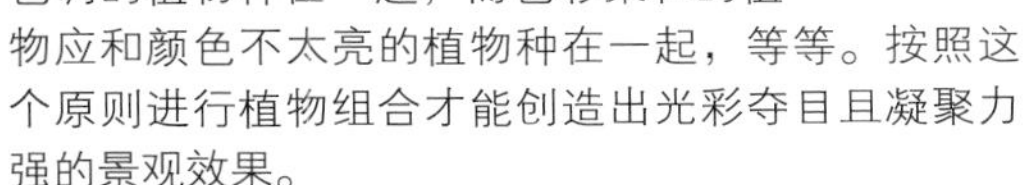

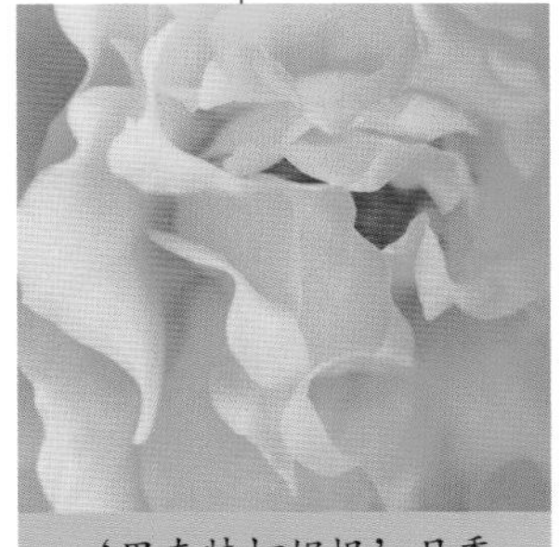

‘里克特柯妮根’月季

委陵菜

‘特纳河’夹竹桃

花园大智“汇”

千变万化的花园色彩

要将花园作为动态变化的事物来思考其配色方案。毕竟，花园的景色是随着季节的变换而发生改变的。有些色彩在一年中的某个特定时期几乎随处可见，例如春季花园中常见柔和的淡色系，而秋季花园中则多为如珠宝般富丽华贵的颜色。

经验丰富的园艺师常用多年生植物建造花坛。春季伊始，用那些绽放着舒缓宜人的粉色、柔和的黄色和蓝色花朵的植物来开启花园美景。到了夏末和秋季，那些拥有赤褐色、红色、橙色和金色花朵的植物则成为花园的主角，当之无愧地站在花园中心的舞台上。

作为颜色组合设计方面的新手，可以用一年生植物来进行实践练习。在整个生长季一年生植物可以持续不断地保持着它的颜色，如果对效果不满意，来年可以进行重新设计。可以将它们移走、稍加修改或是重新进行颜色和位置的组合设计，直到满意为止。

下图： 粉色和洋红色的月季爬满了前庭花园的藤架。其亮丽的颜色与园中的老鹳草花朵和鸡爪槭（鸡爪枫）的叶片交相辉映。

月季种植的基础知识

如果做出正确的选择，月季是比较容易种植的植物。可以种植一些易于养护的类型，这样不用付出太多就能享受它们带来的精彩！

左上图：易于养护管理的月季品种非常丰富，其花朵不仅美丽漂亮，还散发着迷人的芳香，而且其抗病虫害侵扰的能力也是以前的月季品种不可企及的。

左下图：及时将凋谢的花枝剪除能够有效阻止害虫入侵，并能促进植株再次开花，当然最重要的是能够保持花园整洁美观。

越是漂亮的月季种植难度越大？这完全是人们虚构的。如果能够根据所在地区的气候条件选择正确的月季品种，几乎不用花费太多精力去打理它们。

对于月季来说，无论孤植还是与其他植物混种其景观效果都非常漂亮。月季品种繁多，植株大小各异，从成品个头不超过1英尺高的微型月季，到植株可蔓延至12米或更高的巨型蔓性月季，应有尽有。

红色、粉色和黄色的月季最为流行，除了纯蓝和纯黑色的花朵外，其他各类颜色的月季花朵几乎都能看到（甚至有开绿色花朵的月季）。另外，月季还可以做出很多造型。

品种选择要正确。很多新品种的景观月季几乎不用花费太多时间进行养护管理。这种景观月季与杂交茶香月季以及几十年前园艺家种植的其他月季品种有所不同。以前人们比较看重月季的花头大小，花头大，花枝要尽可能长，以便适于做切花使用。而杂交茶香月季在天气寒冷的冬季要做好防护工作，且需要充足的肥料，并且需要经常进行病虫害防控工作。

景观月季与100多年前深受人们喜爱的古典月季也大不相同。尽管古典月季那美丽迷人的花朵带有与众不同的香味，但它通常每年只能开一次花。

下一页列出了一些特定地区最适宜的月季品种，可以根据花园所在的地区来进行选择。

施肥要充足。大多数月季都需要保持充足的养分供给。应将其种植在使用堆肥进行过较充分地土壤改良的地方。在生长季节应每2～6周施一次肥。在适生区6以及更冷的地区，第一次霜冻来临前两个月停止施肥，以避免植株在生长季晚期长出新枝条，因为在寒冷冬季来临前，新长出的枝条仍过于柔嫩，从而不能抵御严寒。

修剪应及时、适度。不同类型的月季修剪方法不同。对于所有品种来说，都应随时观察，以便及时将枯死或受损的枝条修剪掉。大多数的玫瑰、蔓性月季以及低养护要求的景观月季几乎不需要进行额外的修剪，只需将柔弱的枝条和藤条进行疏枝。其他品种的月季，如藤本月季和杂交茶香月季则需要在冬末和初春进行强修剪，这就如同树叶刚开始生长时应增强其基部枝条生长的道理一样。当月季花朵凋谢后，应将开败的花枝剪掉，以促进植株再次开花。

病虫害防治很重要。气候条件是导致月季对各种病害和虫害产生不同易感性的重要因素。在潮湿地区生长的月季更易发生病虫害问题。

即使在一些易感病害的地区，也可以选择一些抗病虫害的品种来抵挡病虫害问题的发生。虽然一些月季种植者习惯于喷洒一些抗病虫害的药剂来进行预防，但其实大可不必。更环保的做法是等到问题出现后，确定问题所在，然后有针对性地运用对环境影响小的措施加以控制。

最适宜气候寒冷地区种植的月季品种

THE CANADIAN EXPLORER ROSES （加拿大探险家系列）
例如‘亨利·哈德逊’（‘Henry Hudson’）和‘约翰·卡伯特’（‘John Cabot’）

DAVIDAUSTIN ROSES （大卫·奥斯汀月季）
包括‘玛丽·罗斯’（‘Mary Rose’）、‘遗产’（‘Heritage’）和‘亚伯拉罕·达比’（‘Abraham Darby’）

THE FLOEWR CARPET SERIES （花毯系列月季）
例如‘猩红花毯’（‘Flower Carpet Scarlet’）、‘超粉红花毯’（‘Flower Carpet Pink Supreme’）

GRIFFITH BUCK ROSES （格里菲丝·巴克月季）
例如‘无忧美人’（‘Carefree Beauty’）、‘地球之歌’（‘Earth Song’）和‘乡村舞者’（‘Country Dancer’）

THE KNOCK OUT SERIES （深刻印象系列）
例如‘深刻印象’（‘Knock Out’）、‘重瓣深刻印象’（‘Double Knock Out’）和‘粉重瓣深刻印象’（‘Pink Double Knock Out’）

百年莫登

RUGOSA ROSES （园艺玫瑰）
例如‘特蕾泽·比涅’（‘Therese Bugnet’）、‘琳达·坎贝尔’（‘Linda Campbell’）、‘达格玛·哈斯特鲁普夫人’（‘Fru Dagmar Hastrup’）和‘简朴’（‘Simplicity’）

PARKLAND ROSES （帕克兰月季）
例如‘百年莫登’（‘Morden Centennial’）、‘羞红莫登’（‘Morden Blush’）和‘无冕阿德莱德’（‘Adelaide Hoodless’）

注意事项：避免种植杂交茶香月季，因为根据其耐寒性要求，至少应在适生区 5 以上的地区培植。

最适宜气候温暖地区种植的月季品种

深刻印象

EARTH-KIND ROSES （朴实无华系列月季）
例如‘无忧美人(‘Carefree Beauty’）、‘仙女’（‘The Fairy’）和‘金色明珠’（‘Perle d’ Or’）

ANTIQUE ROSES （古典月季）
例如‘哈里逊黄’（‘Harison’s Yellow’）、‘布拉邦公爵夫人’（‘Duchesse de Brabant’）和‘班克斯夫人’（‘Lady Banks’）

THE KNOCK OUT SERIES （深刻印象系列）
例如‘深刻印象’（‘Knock Out’）、‘重瓣深刻印象’（‘Double Knock Out’）和‘粉重瓣深刻印象’（‘Pink Double Knock Out’）

CERTAIN HYBRID TEAS （杂交茶香月季）
例如‘林肯先生’（‘Mister Lincoln’）和‘圣帕特里克’（‘St. Patrick’）

注意事项：将月季嫁接到大花白木香(*Rosa fortuneana*)的砧木上会对南方较为流行的根结线虫(*Meloidogyne* spp.)具有较强的抵抗力。

最香的月季品种

无忧美人

HEIRLOOM ROSES（传家宝系列月季）
包括大多数的‘大马士革’（‘Damask’）、‘波旁’（‘Bourbon’）和‘诺伊塞特’（‘Noisette’）类月季

DAVIDAUSTIN ROSES （大卫·奥斯汀月季）
例如‘格特鲁德·杰基尔’（‘Gertrude Jekyll’）、‘少女比安卡’（‘Fair Bianca’）、‘遗产’（‘Heritage’）和‘风采连连看’（‘Constance Spry’）

GRIFFITH BUCK ROSES （格里菲斯·巴克月季）
例如‘银色倩影’（‘Silver Shadows’）、‘丰原’（‘Prairie Harvest’）和‘草原公主’（‘Prairie Princess’）

FLORIBUNDA ROSES （丰花月季）
包括‘冰山’（‘Iceberg’）、‘花花公子’（‘Playboy’）和‘太阳精灵’（‘Sunsprite’）

HYBRID TEA ROSES （杂交茶香月季）
包括‘红双喜’（‘Double Delight’）、‘林肯先生’（‘Mister Lincoln’）、‘香水乐趣’（‘Perfume Delight’）和‘克莱斯勒帝国’（‘Chrysler Imperial’）

注意事项：一些丰花月季和杂交茶香月季是没有香味的，但在相关的描述中提到一些品种拥有异常的浓香，例如‘香云’（‘Frangrant Cloud’）。

最适宜做切花的月季品种

香云

HYBRID TEA ROSES （杂交茶香月季）
非常优秀的切花月季。长长的枝条顶端会开出硕大的单朵花。‘林肯先生’（‘Mister Lincoln’）拥有天鹅绒质感的花瓣且花有香味；‘红双喜’（‘Double Delight’）的花绚丽芬芳；‘金质奖章’（‘Gold Medal’）则有着光彩照人的黄色花朵。

FLORIBUNDA ROSES （丰花月季）
花团锦簇，剪下后随意插在花瓶中就非常漂亮。白色的‘冰山’（‘Iceberg’）、粉色的‘迷人蕾西’（‘Sexy Rexy’）都非常适宜做切花。

注意事项：Rugosa（玫瑰）、David Austin（大卫·奥斯汀）以及大多数的景观类月季都不适宜用作切花。因为它们的花瓣在花枝被剪下 1 天后（或许能够长一点），极易散开掉落。

前庭花园和中心花园的建造

花费一点时间，努力打造出一个别具一格的花园主入口。相信不仅访客们会赞不绝口，每次回到家时，你也会对自己的成果赞叹有加吧！

如此具有视觉冲击力的前庭花园令人赞叹不已。仅仅是用一些精美漂亮的植物，加上一条精心设计的园路，就可以打造出高“颜值”的花园入口迎宾区，引领人们步入你美丽的家。

一座设计巧妙的前庭花园还能让你获得其他方面的回报。例如，当房屋出售时，如何牢牢吸引住买家是首要任务，一座美丽迷人的前庭花园将大大提升房屋的价值。

尽量组合使用多种形状、规格的植物。将叶片呈羽毛状的植物，如蕨类植物，紧挨着叶片厚大结实的植物放置，例如玉簪属植物。或者在大叶片植物的旁边种植一些针状叶片的植物，如山麦冬属植物，以加强对比效果。

享受色彩带来的乐趣。种上一些五颜六色的开花植物可以给前庭花园锦上添“花”，使其更具个性化。不要种太多。几株摆放得恰到好处的花卉可以体现出你对家的精心照料。

用容器花园造景。无论什么季节，采用容器花园都能轻松而便捷地营造出多姿多彩的花园景观。采用一至两个大容器要比将一大堆小容器混放在一起效果更好（大容器的保水性也更好）。为了保证花园整体形式统一，线条优美，在容器的选择上应保证协调一致，例如全部使用纯白色木制容器或全部使用赤陶盆器。

认真考虑花园的结构。前门上方搭设的藤架、花架，或是装饰栏杆等，都可以立即提升房屋和花园的风格档次，使其更具魅力。

设置围栏。在前庭花园装上栅栏可以为花园增添几分古朴。围栏应设置得低矮一些，做成开放式的，而不是全封闭式的。围栏的样式应与建筑风格、规模，以及房屋的年代相协调。可考虑用一面或两面栅栏将前庭花园围起来（详见第102页的示例）。这样既可以标示出花园最外围的边界，而且还可以作为一面抢眼的植物背景墙。也可以用栅栏围成一个拐角形的小花境，或是在门前的步道两侧设置两段栅栏并在四周种上各式植物。

点亮花园生活。在前庭花园可设置安全的低压户外照明系统，不仅可照亮花园前的小路，而且可以让花园全天候闪亮，引人注目。可以在灌木底下设置向上照射的园灯，或直接将灯光洒向前门，也可以直接照亮房屋。传统的入口灯或花园灯等都可以提供多种形式的照明，但是无论使用哪类灯具都需要铺设防雨线路。如果你在电工方面经验非常丰富可以自己安装，否则还是雇请专业的电工吧。

左上图：在前庭花园加设木架或是栅栏，不仅可以让房屋及花园建筑看上去更加动人、富有趣味，而且还可以作为花园入口的标识建筑。

左下图：即使是再普通寻常的景观也可以通过室外灯光照明来营造出富于变幻的舞台效果。灯光还可以让景观看上去更加安全可靠。

应季景观花园

用五彩缤纷、姿态千变万化的郁郁葱葱的植物来创建花园景观。

上图左：淡雅的色彩是春季花园的标志。郁金香和勿忘我混种在一起，优雅而美丽。
上图中：到了晚夏，大多数花园都呈现出更深更浓重的色彩，诸如黑心金光菊是夏末较常见的花园植物。
上图右：由于树木色彩的变化，秋季花园色彩极为丰富——日落时分的花园中，处处洒落着让人感到深邃而温暖的色彩。

如果没有聚会或是假期，很难想象生活会变成什么样子。因为某些独特的事件，或是甜蜜苦涩的瞬间让人们对这些特殊的日子记忆深刻。同样，应季景观花园也会以同样的方式来俘获你的情感。抓住季节时点，快速地将一株株壮观的植物塞入花园中，创造出季节花园中每一季都能令人着迷的景点。下面介绍如何利用季节特点成功地建造一座应季景观花园。

春季花园的设计。经过一个漫长而寒冷的冬季，早春的花园已经被春季开花的植物装饰一新。三色堇、郁金香、洋水仙，各种花灌木，还有半边莲，到处洋溢着春天节日般的喜悦——庆祝严冬的结束，迎接新的生长季的到来。

晚夏花园的设计。当某些植物开始渐渐衰落凋零，热情在燃烧退却时，花园被黑眼苏珊、百合、蛇鞭菊，以及其他晚花型植物占据着，它们才刚刚开始绽放，有了它们花园将重现缤纷色彩。

享受秋季花园之美。在一座秋季花园里你可以将最美妙、最精彩的颜色汇集在一起——深深的宝石红，还有紫色、金黄色、橙色，这些诱人的颜色都可以在一个地方找到。

掌握每个季节的盛花期。应季景观花园每个季节的主景期都非常短暂。在花园中的某处，或许你已经种下了这些能够全年生长的植物，例如花灌木，它们的花期仅有几周的时间，而大多数时间都是在用绿色装点着花园。或许你种了很多种多年生植物，几周的繁花过后，它们会安静地“退回”到花坛或花境中。在花坛和花境中随处塞入一些一年生植物可以让花园连续好几个月斑斓亮丽。

装扮一新。在大多数情况下，本章中介绍的花园在整个生长季节都会生机盎然（虽然不是格外炫丽）。包括植物的叶片，甚至那些处在非花期的植物都极具魅力。

春季，当日间温度开始升高，天气变暖时，冷季型一年生植物开始凋谢，这时需要用暖季型一年生植物替换。

无论何种类型的花园，大多数多年生植物在花朵开始凋谢时都要及时摘掉花头，这样不仅能够保持花园的整洁，而且还可以促进植物再次进入盛花期。

掌握这些要点成功建造属于自己的应季景观花园。为你的成功而欢呼吧！

蝶飞鸟舞的花园

在花园中种上各种结果和富含花蜜的植物，可以将蝴蝶、蜂鸟和黄莺吸引到花园中。

左上图：蜂鸟的捕食器官告诉你，它们喜欢有着管状花瓣的亮红色和粉色的花朵。

左下图：如果种植的花卉品种适宜，在夏季阳光充足的日子里，花园里会飞满多姿多彩的各式蝴蝶。

将这些野生动物吸引到花园中非常容易。最简单的方法就是在花园中种满各种树、灌木和花卉，鸟儿、蝴蝶会被花园中的可栖息之处和丰富的果实吸引而驻足。如果想吸引一些特殊的鸟儿和蝴蝶，就要在花园中种上它们喜欢的植物。

提供栖息地。树木是这些小动物最好的栖息地。在花园中种上一两棵树后，鸟儿就会聚集过来。如果场地有限，可以用大一些的灌木和藤蔓植物为它们搭建一处栖息地。这样既可以让它们筑巢，也便于它们逃脱捕食者的利爪。鸟笼也可为花园增添小小的景致。（在晚冬或早春时应将鸟笼打扫干净，迎接鸟儿回归）

提供水源。水能够吸引鸟儿以及其他小动物。所以花园中最起码要有一个供小动物饮水的盆。但是最吸引它们流连于花园中的是小型的浅水池或水塘（仅2.5厘米深即可，或更浅一些），最好配有小型的瀑布或是那种水可以往上涌出的小喷泉。潺潺的流水声可以吸引很多种野生动物。鸟儿喜欢在浅水中沐浴玩耍，而蝴蝶则喜欢沿着潮湿的水池边饮水休憩。

提供食物。很多花朵是野生动物的天然食物，特别是当花谢结籽或长出果实后，鸟儿就可以享受大餐了。

提供诱惑色。一般来说，鸟儿、蝴蝶最容易被纯红色和亮粉色吸引。例如与白色的百日草相比，红色的百日草会引来更多的蝴蝶。对蜂鸟来说，洋红色的牵牛花比蓝色的更具诱惑力。

株型较大的植物就更具吸引力了。对蝴蝶和鸟儿来说，一株它们所喜爱的高大的植物就如同在花园中树起一块大广告牌，召唤它们快来报到。

尽量少用化学药剂，如果真的需要用，特别要注意杀虫剂的使用。很多杀虫剂，甚至是有机杀虫剂，也会杀死有益的昆虫，同样会对动物造成伤害。（蝴蝶的幼虫就是毛毛虫）

杂乱一些会更好。在养护方面，属于野生动物的花园应更随意一些。鸟儿喜欢尽情地享用花朵凋谢后留在茎枝上的成熟的种子。它们喜欢长长的、高高的、茂密的草丛和未修剪的灌木丛。喜欢在树底下的落叶层中翻找小虫子。

想象一下森林和草原的原生模样——布满倒下的大树，高高的凋零的植物，花谢结果，多样化的植物群落，地上铺满一层层枯死的植物。这才是野生动物理想的生存环境，应按照这种模式来布置花园。

左上图：当大多数的鸟儿都被种子吸引时，巴尔的摩金莺则飞去啄这半个橙子了。

简介

花园大智“汇”

鸟儿的自助餐

放置一个鸟儿专用的食盘能够吸引来很多这些带着小翅膀的访客。可以在这种专用的平盘中放置一些大多数鸟儿都喜欢吃的各类种子。如果想招来特殊种类的鸟儿，就要考虑一下花园所在的地区所能得到的种子或者能够买到的鸟食是什么。例如红额金翅雀就特别喜欢用它那长长的管状的喙啄食小葵子(*Guizotia abyssinica*)的种子。

万寿菊

超级植物巨星

最易吸引鸣禽的植物

万寿菊(*Tagetes erecta*)

金光菊属(*Rudbeckia* spp.)

秋英属(*Cosmos* spp.)

大向日葵(*Helianthus giganteus*)

一枝黄花属(*Solidago* spp.)

忍冬属(*Lonicera* spp.)

松果菊(*Echinacea* purpurea)

百日菊(*Zinnia elegans*)

金鸡菊属(*Coreopsis* spp.)

唐菖蒲

超级植物巨星

最易吸引蜂鸟的植物

大花美人蕉(*Canna* × *generalis*)

大丽花(*Dahlia pinnata*)

烟草属(*Nicotiana* spp.)

毛地黄属(*Digitalis* spp.)

倒挂金钟(*Fuchsia* × *hybrida*)

唐菖蒲（剑兰）品种(*Gladiolus hybrids*)

忍冬属(*Lonicera* spp.)

马缨丹属(*Lantana* spp.)

番薯属(*Ipomoea* spp.)

矮牵牛(*Petunia* × *hybrida*)

一串红(*Salvia splendens*)

金鱼草(*Antirrhinum majus*)

锦带花(*Weigela florida*)

紫松果菊

超级植物巨星

最易吸引蝴蝶的植物

紫菀属(*Aster* spp.)

美国薄荷（香蜂草）(*Monarda didyma*)

大叶醉鱼草(*Buddleia davidii*)

蛾蝶花(*Schizanthus pinnatus*)

莳萝(*Anethum graveolens*)

泽兰属(*Eupatorium* spp.)

马缨丹属(*Lantana* spp.)

万寿菊属(*Tagetes* spp.)

旱金莲(*Tropaeolum* spp.)

欧芹(*Petroselinum crispum*)

松果菊(*Echinacea purpurea*)

鼠尾草属（包括一年生和多年生的种类）(*Salvia* spp.)

景天属 (*Sedum* spp.)

北美山胡椒(*Lindera benzoin*)

金鸡菊属(*Coreopsis* spp.)

紫藤属(*Wisteria* spp.)

百日菊属(*Zinnia* spp.)

第一章

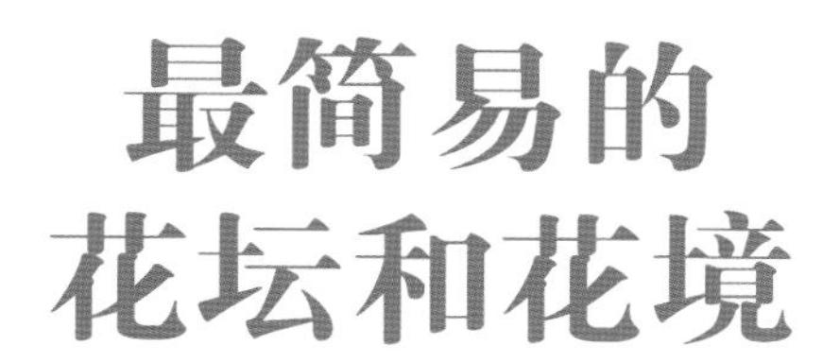

最简易的花坛和花境

并不是面积越大的就一定越好。在植物种植和养护方面，有时候最简洁的花园往往最令人满意。本章将讲述如何用最常见、最易种植的植物来创建心仪的小型花园，无论你的园艺水平如何，都可以轻松实现。

事实上，这些花园设计方案中涉及的植物在超市和园艺店里都能买到。你可以在日常购物时顺手将它们放进购物车里，然后用自己的方式随心所意地来演绎心目中的美丽花园。

Low-Growing Favorites 娇宠怜爱小矮人

花园后门旁边，或是步道两侧，用最简洁的色彩来装扮起来吧。

三种不同的一年生植物组合构成了这处既震撼壮观，又迷人可爱的花境。

用这种既易种植又颇为常见的一年生植物快速地将花园中阳光充足之地填满绿色。在大多数园艺店都可以买到这些植物的成品，而且价格相当便宜。栽种这类植物并不需要花费太多时间。可以根据自己的喜好，替换为不同品种的株型矮小的喜阳一年生植物，例如香雪球和矮牵牛。这类植物喜好全日照，非常适合生长在花园中阳光照射较强的地方，应注意浇水适度。

植物清单

A. 5株 旱金莲。例如‘橙直升机’旱金莲(*Tropaeolum majus* ‘Whirlybird Orange’)：一年生植物

B. 7株 骨子菊（蓝目菊）。例如‘白色女高音’骨子菊(*Osteospermum* ‘Soprano White’)：适生区10–11，其余地区为一年生植物

C. 5株 天竺葵(*Pelargonium* × *hortorum*)：适生区10–11，其余地区为一年生植物

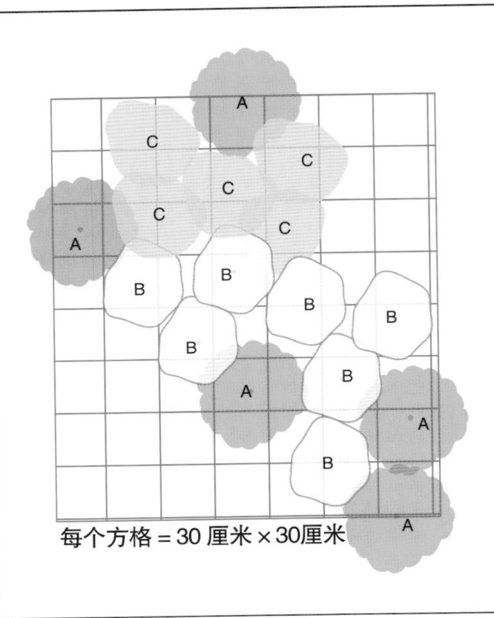

Full of Sunshine Garden 全日照花园

Marvelous Mailbox
邮箱也疯狂

用邮箱作为这个可爱漂亮的，以一年生植物为主体的小型花坛的焦点。

邮箱的四周似乎显得有些光秃秃的，为什么不用一些简便易行的方法装扮一下呢？这样不仅提高了邮箱周围的吸引力，而且还省去了很多除草的工作。

此设计适用于全日照条件的花园，所以如果确定采用，应种植比较耐旱的植物。夏季炎热天气来袭时，石竹和达尔伯格雏菊（又名金毛菊）看上去会相当的破旧邋遢，所以如果需要更换，可用万寿菊、矮牵牛等暖季型一年生植物替代。

花园中的灯柱下、带柱子的鸟巢周围，或是旗杆旁边都可以采用此设计方案。花坛中那株美丽迷人的大花铁线莲可以顺着立柱向上攀爬，将邮箱四周装扮得更加柔美动人。这里用的铁线莲品种是‘里昂’（‘Ville de Lyon’），当然也可以使用其他品种的铁线莲。

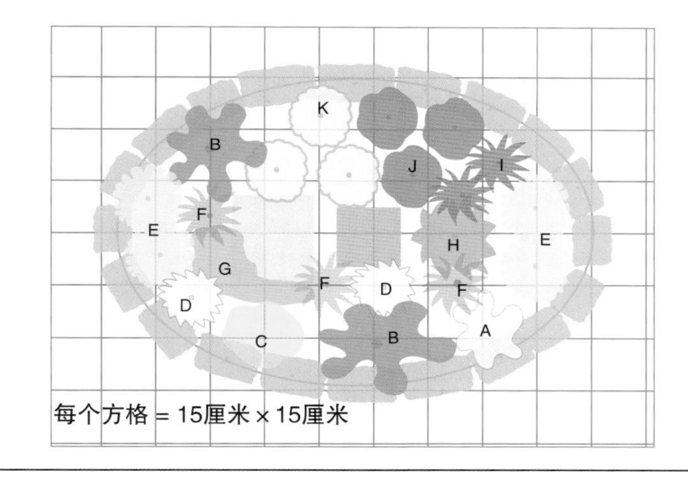

每个方格 = 15厘米 × 15厘米

植物清单

A. 1株 杂交马鞭草(*Verbena* × *hybrida*)：适生区9–11，其余地区为一年生植物

B. 2株 ‘紫波’矮牵牛(*Petunia* ‘Purple Wave’)：一年生植物

C. 1株 细裂金毛菊(*Dyssodia tenuiloba*)：一年生植物

D. 2株 苏丹凤仙花（非洲凤仙花）(*Impatiens walleriana*)：一年生植物

E. 4株 香雪球(*Lobularia maritima*)：适生区10–11，其余地区为一年生植物

F. 3株 银叶菊。例如‘银尘’银叶菊(*Senecio cineraria* ‘Silver Dust’)：适生区7–11

G. 1株 铁线莲。例如‘里昂’铁线莲(*Clematis* ‘Ville de Lyon’)：适生区4–9

H. 1株 杂交大丽花(*Dahlia* × *hybrida*)：一年生植物

I. 2株 石竹(*Dianthus chinensis*)：一年生植物

J. 3株 千日红(*Gomphrena globosa*)：适生区9–11，其余地区为一年生植物

K. 3株 天竺葵(*Pelargonium* × *hortorum*)：一年生植物

Brighten a Curbside 闪亮的路边小花坛

用这个简易小花坛来打消路边的沉闷乏味。这些生长迅速的植物，从栽种到葱郁茂密只需要几周的时间。

省钱小窍门

大波斯菊的播种要点

大波斯菊是最易采用播种种植的一年生植物，以至于其常常作为推荐植物用于孩子们的园艺实践活动中。为了节省费用，同时也可以让园艺工作更富有乐趣，可以不用购买小苗，而是先在室内进行播种种植。

根据所在地区的气候情况，通常在霜冻日前4～6周就可以开始播种了。在浅盆中填入育苗用混合基质，将大波斯菊的种子播下，保持基质略微湿润，放置在室内光照较好的地方。当小苗长出两片柔软的细叶时就可以分苗了。待霜冻期完全过去之后就可以将小苗移植到花园中了。

也可以等到气温升高后直接将大波斯菊种子播下。与在室内播种相比，此种方式栽种下的大波斯菊成熟开花的时间会略晚几周。

放置一个尖桩篱栅作为这个三角形小花坛的中心支柱。此设计方案由一年生植物和多年生植物组成，不仅能将靠近路边的空荡的步道装扮一新，而且还可以巧妙地起到阻止行人随意穿行的作用。

篱笆围栏不仅仅是为了好看，更重要是可以支撑株形高大的一年生植物生长，例如大波斯菊和醉蝶花，因为这类植物在生长季末期其枝条往往会下垂。（当枝条开始下垂时可以将其松松地系在围栏上）

这个洒满阳光的小花坛栽满了可以吸引蝴蝶和蜂鸟的植物。花朵呈管状的钓钟柳，还有花烟草、矮牵牛都对蜂鸟具有极强的吸引力。百日草和醉蝶花也能将它们吸引过来。对于蝴蝶来说，它们实在无法抗拒种在顶角处的大叶醉鱼草。此设计的另一个美妙之处是：夜晚漫步于花园中，花烟草和大叶醉鱼草所散发出的阵阵幽香让人感到神清气爽。

如果想减少花坛中的一年生植物，种植更多的多年生植物，可以将围栏后面的醉蝶花替换成偶雏菊属（*Boltonia*）植物和松果菊。但是在围栏前还是要种上一些一年生植物，因为这样可以确保花坛在整个生长季中都能够缤纷亮丽。

植物清单

A. 7株 白色的醉蝶花。例如‘白皇后’醉蝶花(*Cleome hassleriana* ‘White Queen’)：一年生植物

B. 12株 粉红色的大波斯菊(*Cosmos bipinnatus*)：一年生植物

C. 4株 金光菊。例如‘爱尔兰之眼’黑心金光菊(*Rudbeckia hirta* ‘Irish Eyes’)：适生区3–7，常作为一年生植物种植

D. 9株 百日菊。例如‘白星’小百日菊(*Zinnia angustifolia* ‘White Star’)：一年生植物

E. 3株 红花钓钟柳(*Penstemon barbatus*)：适生区4–10，其余地区为一年生植物

F. 12株 银叶菊。例如‘银尘’银叶菊(*Senecio cineraria* ‘Silver Dust’)：适生区7–11，其余地区为一年生植物

G. 6株 大花马齿苋(*Portulaca grandiflora*)：适生区9–11，其余地区为一年生植物

H. 9株 花烟草(*Nicotiana alata*)：一年生植物

I. 2株 矮牵牛(*Petunia* × *hybrida*)：一年生植物

J. 1株 婆婆纳。例如‘童话’婆婆纳(*Veronica* ‘Fairytale’)：适生区4–8

K. 1株 醉鱼草。例如‘蓝花’大叶醉鱼草(*Buddleia davidii* ‘Nanho Blue’)：适生区5–9

L. 2株 尖拂子茅(*Calamagrostis* × *acutiflora*)：适生区4–9

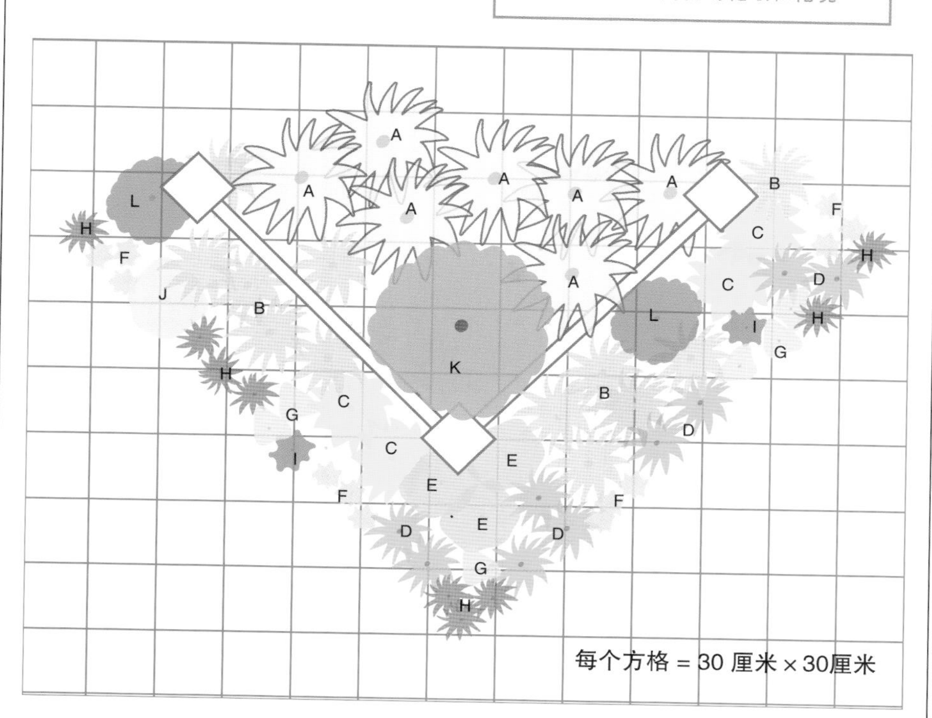

Ring Around a Fountain
花舞喷泉

用飞溅的水花为这处位于花园荫蔽处的，华丽多彩的小花坛降降温吧。

一个大型的陶土花盆化作水流潺潺的小喷泉成了这个简洁小花坛的中心景观，其实这非常容易办到。

迷人的小喷泉四周环绕着红点草，这是一种叶片上布满了活泼可爱的奶油色和粉色斑点的一年生植物，有了它们，花园的阴暗处顿时充满了生机。

苏丹凤仙花（非洲凤仙花），耐阴花园的经典主角，其花色丰富，除了蓝色，几乎涵盖了所有颜色，将荫蔽处的花园装扮得闪亮动人。为了让花坛更加鲜艳夺目，可以将各种花色的非洲凤仙混种在一起。也可以只种单一颜色，例如粉色，这样可以让花坛景观更加淡雅柔和。

开春后，确定霜冻不会再发生时，种下植物幼苗。非洲凤仙和嫣红蔓都喜欢肥沃且湿度较大的土壤，所以在种植时应铺设足量的堆肥。在生长期间，每4～6周喷洒少量的缓释肥，以促进植株多开花。

在本设计方案中，小型喷泉作为花坛的中心景点堪称完美，但也可以用自己制作的水景或花园艺术品来替代。如果喜欢，也可以买一个成品喷泉、鸟儿戏水盆，或是带有基座或底砖的雕塑来作为花坛中心的主景点。

红点草叶片上的粉色斑点恰到好处地将粉色或红色的非洲凤仙区隔开。当然，也可以用下一页中介绍的其他几种喜阴的一年生植物进行替换，它们同样色彩丰富。根据需要调整植株数量。将高一点的植株种得离喷泉近一些，稍微矮一些的可以环绕在四周。

植物清单

A. 32株 白色的醉蝶花。例如‘白皇后’醉蝶花(*Cleome hassleriana*‘White Queen’)：一年生植物

B. 9株 红点草(*Hypoestes phyllostachya*)：一年生植物

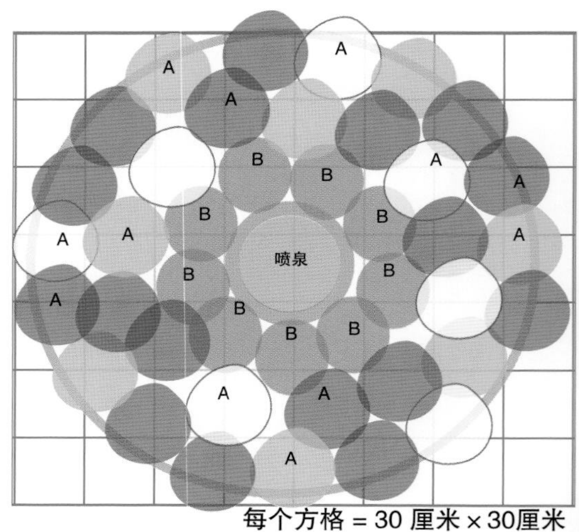

每个方格＝30 厘米×30厘米

喷泉的制作方法

步骤1：选择适宜的盆器。最好是平底的陶土盆，如果喜欢也可以用涂釉的陶瓷盆。其他形状的玻璃纤维或树脂花盆也可以。

步骤2：如果使用陶土盆或陶瓷盆，应先把盆内部刷洗干净，然后涂上密封胶，放置3天。

步骤3：选择合适的水泵。用短点的铜管作喷嘴（将其截至合适的长度），安装后应保持喷嘴与水面等高。

步骤4：将泵机的电线从盆底部的排水孔中穿过（如果需要，可用钻头等将孔扩宽），然后用密封胶将外面封严，以免漏水。

步骤5：放置一两天后，装满水，插上电源，然后就慢慢享受喷泉带来的乐趣吧！

夏堇

蓝英花

彩叶草

一串红

四季秋海棠

超级植物巨星

五种适宜种植在荫蔽处的、亮丽的一年生植物

为花园的荫蔽处挑选出多姿多彩的一年生植物比较困难。非洲凤仙和嫣红蔓在花园中占具着重要的地位，下面的几种植物表现也非常优秀，可以作为它们的替代品。在美国最北部四分之一的地区，这些一年生植物中的大多数都更适宜在半阴至全日照条件下生长。而在南部地区，它们往往需要更多地遮阴（详见第4页关于耐阴特性的详细叙述）。在美国最南部三分之一的地区，它们或许需要全阴的条件。所有这些一年生植物都需要肥沃的土壤，充足的水分以及定期的肥料供给。

夏堇（*Torenia fournieri*）花朵呈杯状，株高可达30厘米，冠幅2.5厘米的双色花朵，颜色有蓝色、紫色、粉色，还有的白色花朵的喉部带有漂亮的黄色斑点。

蓝英花（又名布洛华丽）(*Browallia speciosa*) 植物都有着华丽的蓝紫色或白色花朵，株高和冠幅可达30～50厘米。

彩叶草(*Solenostemon scutellarioides*)在夏末会开非常小的白色或淡蓝色的针钉状花朵，但是由于其叶片极为华丽多彩，多为绿色、白色、红色、酒红色和黄色混合在一起的颜色，所以花朵反而被忽略了。其叶形千变万化，株高可达30～90厘米，冠幅可达30～50厘米。

一串红（*Salvia splendens*）大串醒目的花朵，颜色有红色、粉色、橙色、奶油色，以及深紫红色。在全日照和半阴的条件下也能生长良好。喜欢潮湿的环境，株高可达60厘米，冠幅可达25～40厘米。

四季秋海棠(*Begonia semperflorens*)又称蚬肉海棠。其带有光泽的绿色或古铜色叶片趣味十足。株高和冠幅可达20～40厘米。一簇簇的粉色、红色或白色的花朵悬挂于枝叶上方。

Shade-Pocket Garden
耐阴小花坛

用这些只需要微弱光照的多彩艳丽的植物扮靓花园中的这个阴暗角落。

几乎所有的花园中都隐藏着这样一个阴暗角落，那里除了杂草什么也不能生长。现在就动手改变它吧！

也许是紧挨着花园后门的某处，车库和房屋之间的夹壁，或是花园中某个迫切需要装扮一新的被遗忘的角落。用这些易于生长的五颜六色的喜阴植物塞满它们吧。

小花坛后部耸立着的两棵大玉簪是此处的“主宰”。即使已经过了盛花期，它们那硕大的叶片还是颇具吸引力的。如果选择种植那种叶片边缘带有黄色、奶油色或白色斑点的玉簪，效果会更加令人赞叹。

花叶芋（又名五彩芋）同样是这个小花坛的主角。很少有植物既耐阴又能“疯”长得五彩斑斓，但花叶芋就是如此的出类拔萃。在夏季高温潮湿的季节，它们的长势会更加繁茂。虽然花叶芋仅在适生区10和11可多年生长，但在较寒冷地区，人们为了节约费用，往往在冬季将它们的块茎挖出后储存越冬，这样就不必每年都更换了。另外，为了节约费用也可以用彩叶草来替代花叶芋。彩叶草既满足了花坛色彩的需要又花费较少。

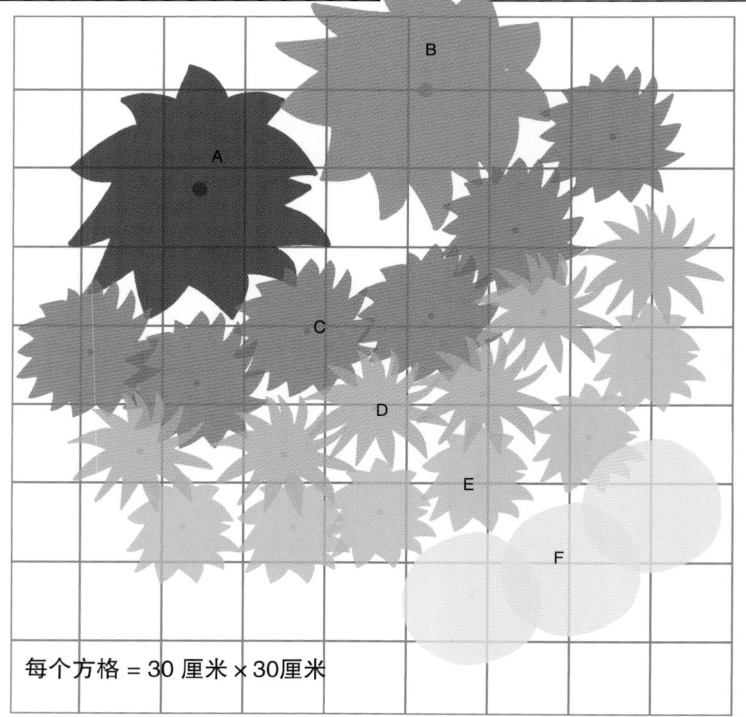

植物清单

A. 1株 带白边的玉簪。例如‘显赫帝王’玉簪(*Hosta*‘Regal Splendor’)：适生区3–8

B. 1株 带金边的玉簪。例如‘黄河’玉簪(*Hosta*‘Yellow River’)：适生区3–8

C. 6株 红色的花叶芋。例如‘佛罗里达红’花叶芋(*Caladium bicolor*‘Florida Cardinal’)：适生区10–11，其余地区为一年生植物

D. 6株 叶黄绿色、带红斑的花叶芋。例如‘玛菲特小姐’花叶芋(*Caladium bicolor*‘Miss Muffet’)：适生区10–11，其余地区为一年生植物

E. 6株 甜肺草(*Pulmonaria saccharata*)：适生区4–8

F. 3株 苏丹凤仙花（非洲凤仙花）(*Impatiens walleriana*)：适生区10–11，其余地区为一年生植物

花叶芋

超级植物巨星

Caladium 花叶芋

花叶芋是一种充满异国情调的热带植物。在其原产地中南美洲，生长在热带雨林中的河流旁，斑驳亮丽的色彩闪耀夺目。花叶芋宽大的呈箭状的叶片带有鲜艳的粉色、绿色、红色、银色，以及白色的花纹，有的呈斑点状，有的则为条纹状。矮型的花叶芋株高仅为30厘米，而高大型的品种可长到90厘米高。其叶片长度有的仅有15厘米，而有的可达60厘米。

通常在春天种植花叶芋，将幼株直接栽种到花盆中，也可以在盆中种下其块茎。尽管有些新品种比较耐阳光照射，但大多数品种的花叶芋更喜欢呆在阴暗处，至少在下午应将其放置在有遮阴的地方。花叶芋需要充足的水才能生长健壮。它们更喜欢疏松而湿润的土壤，所以在种植时应铺放大量的堆肥。

在亚热带地区（适生区10–11），花叶芋可以多年生长，它们不用禁受霜冻的考验。在较冷的地区，则需要像对待一年生植物那样处置它们，应在秋季让植株完全干透。为了节约费用，来年不再更换植株，应在第一次霜冻后挖出花叶芋的块茎，将块茎上的土擦掉，放入锯屑或干燥的泥炭苔中，然后放置在室内凉爽处，储藏温度应保持在15摄氏度。在冬末就可以将块茎种下，以便开春后植株能够快速长大。

A Shady Strip of Annuals
惊艳小空间

几乎所有的花园中都存在这样一个地方：在紧挨着房屋的一个狭长地带，一天中的绝大多数时间都被阴暗笼罩着。那么就用鲜花来将它装扮得闪亮动人吧。

花园大智“汇”

为何蕨类植物会死掉？

当你看到邻居家花园里翠绿可爱的荚果蕨时，实在禁不住诱惑，就挖来了几株栽在自家的花园里。虽然这让你感到无比高兴，并替你省下了些费用，但非常遗憾，在如此小的空间里，如这处狭窄的小花境，这些可怜的植物会很快地走向衰亡。尽管它们那呈放射状的发达的根茎可以拼命地穿过步道上铺设的地砖，但是养好它们将会是一件非常令人头疼的事。所以最好从苗圃购买植物，并购买那些经过实践可以在小空间健康生长的品种，以避免此种问题的发生。

一处如此小型的花园景观竟然能够让人们心情无比舒畅，尤其是当你每天经过此地时，植物的神奇真是让人惊叹不已。

对于此设计方案，侧园是最好的应用范例。对于美丽迷人的正园景观来说，侧园是一个经常被人忽视并堆满垃圾和废物的地方。

将五彩缤纷的一年生植物以及易于养护的多年生植物进行简单的组合，就能像变魔术一样让侧园焕然一新。由于这处靠近屋子的狭小空间较阴暗，所以植物选择范围非常有限，但是用非洲凤仙、蕨类植物、球根秋海棠和耧斗菜的组合却创造出了惊人的景观效果。长满苔藓的红砖步道作为花境的分界线。墙上悬挂的倒挂金钟、球根秋海棠，以及花叶长春花也为此处增色不少。爬山虎那茂密的绿叶将砖墙装扮得柔美动人，到了秋季，它的叶片会变成亮丽的红色。

对于这处阴暗的狭长空间来说，黑柄耳蕨(*Polystichum acrostichoides*)是明智的选择。它们几乎一年到头都能绿油油的，而且不会遮掩住其他植物。日本蹄盖蕨带有银色和栗色的斑点，非常艳丽，也是不错的选择。

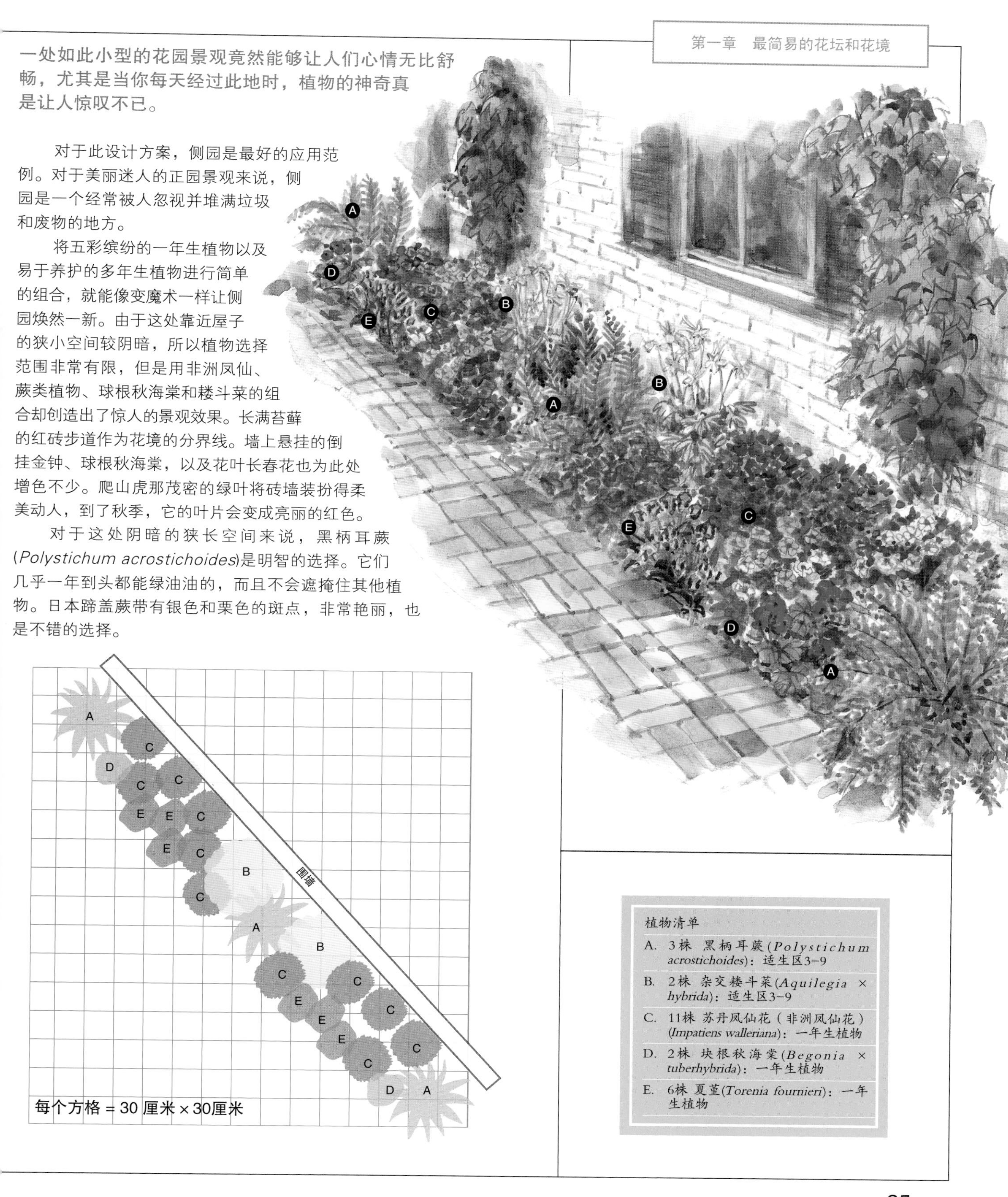

植物清单

A. 3株 黑柄耳蕨(*Polystichum acrostichoides*)：适生区3–9

B. 2株 杂交耧斗菜(*Aquilegia × hybrida*)：适生区3–9

C. 11株 苏丹凤仙花（非洲凤仙花）(*Impatiens walleriana*)：一年生植物

D. 2株 块根秋海棠(*Begonia × tuberhybrida*)：一年生植物

E. 6株 夏堇(*Torenia fournieri*)：一年生植物

Plant a Circle of Color
斑斓的彩色花环

光线这么弱连草都长不好怎么办？那么就创建一个亮丽多彩的花坛来代替草坪吧！

花园中的参天大树真是种让人喜忧参半的植物。它们提供了供人休憩乘凉的树荫，但是在茂密的树叶遮盖下，那些柔弱的树下小草通常都不会长得太好。有没有一种解决方法呢？就用五颜六色的一年生植物将树下铺满吧，即使是小草不能生长的地方，它们也能茁壮成长。

用鲜红的四季海棠将靠近树下的部分填满（也可以替换为苏丹凤仙花），那里也是树下最阴暗的地方。靠近花坛外边缘处能够接受些许阳光，所以可种植色彩较柔和的银叶菊、藿香蓟和半边莲属植物。

4株黄杨是这处花坛永久的压轴。一年生草花在保持长效景观方面是无与伦比的，但是如果更喜欢多年生植物，可以考虑用能够反复开花的縫毛荷包牡丹来替代四季秋海棠，用老鹳草来替代半边莲和藿香蓟。这两种多年生植物在夏季都能够为花坛增色不少。玉簪种类繁多，其绿色叶片有的镶白边，而有的镶黄边，可以作为银叶菊的替换植物。

花园大智“汇”

树下环形花坛的建造要点

在树下建造环形花坛，有利于将大树与花园整体景观相融合。当在靠近大树的地方种植植物时，应遵循以下原则：

首选应确定树下阴影的形态和面积。虽然有些树非常高大，树冠张开幅度大，但由于其树叶形状较小，所以树下的阴影区较少，例如美国皂荚。有的大树的枝条稠密而低矮，例如云杉，所以树下的阴影面积非常大。（详见第4页关于花园中荫蔽条件的描述）

评估土壤中水分供给情况。有些树木，例如“臭名昭著”的枫树，会从其主枝干下部的土壤中吸收水分。所以在这种“盗取”水分的大树周围，应种植耐旱性好的植物。

填土时不要埋住大树根部。环绕大树建造一个高抬式小花坛会非常引人注目，但是对于较敏感的大树来说，仅仅用四五厘米厚的土将其根部埋住就会要了它们的命。

小心挖掘。用泥铲不小心割断一些细小的树根不会有问题，但是对于那些直径大于2.5厘米的较粗的树根就要留意了，千万不要伤到它们。

用容器植物组成花坛。如果树下的土壤存在问题，不宜直接栽种植物，那么最简单的方法就是将耐阴的一年生草花直接种在花盆中，然后按设计方案组合摆放好。

做好花坛的边饰。环绕花坛的四周做一圈边饰，这样既可以阻止杂草“混入”花坛，而且后期的养护打理也会非常轻松。

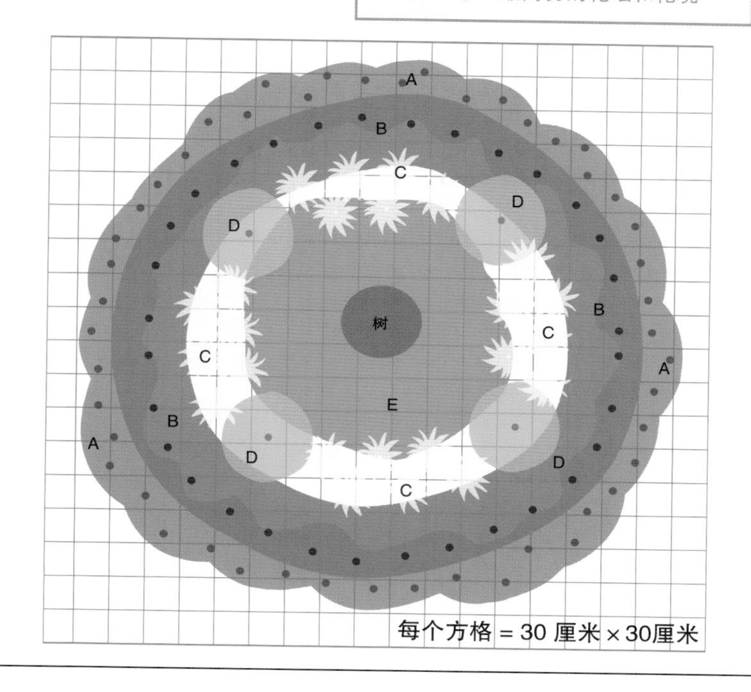

植物清单

A.　48株 六倍利(*Lobelia erinus*)：一年生植物

B.　32株 熊耳草(*Aquilegia* × *hybrida*)：一年生植物

C.　24株 银叶菊(*Senecio cineraria*)：适生区8–10，其余地区为一年生植物

D.　4株 黄杨(*Buxus* spp.)：适生区5–7

E.　28株 红色的四季秋海棠(*Begonia* × *semperflorens*)：一年生植物

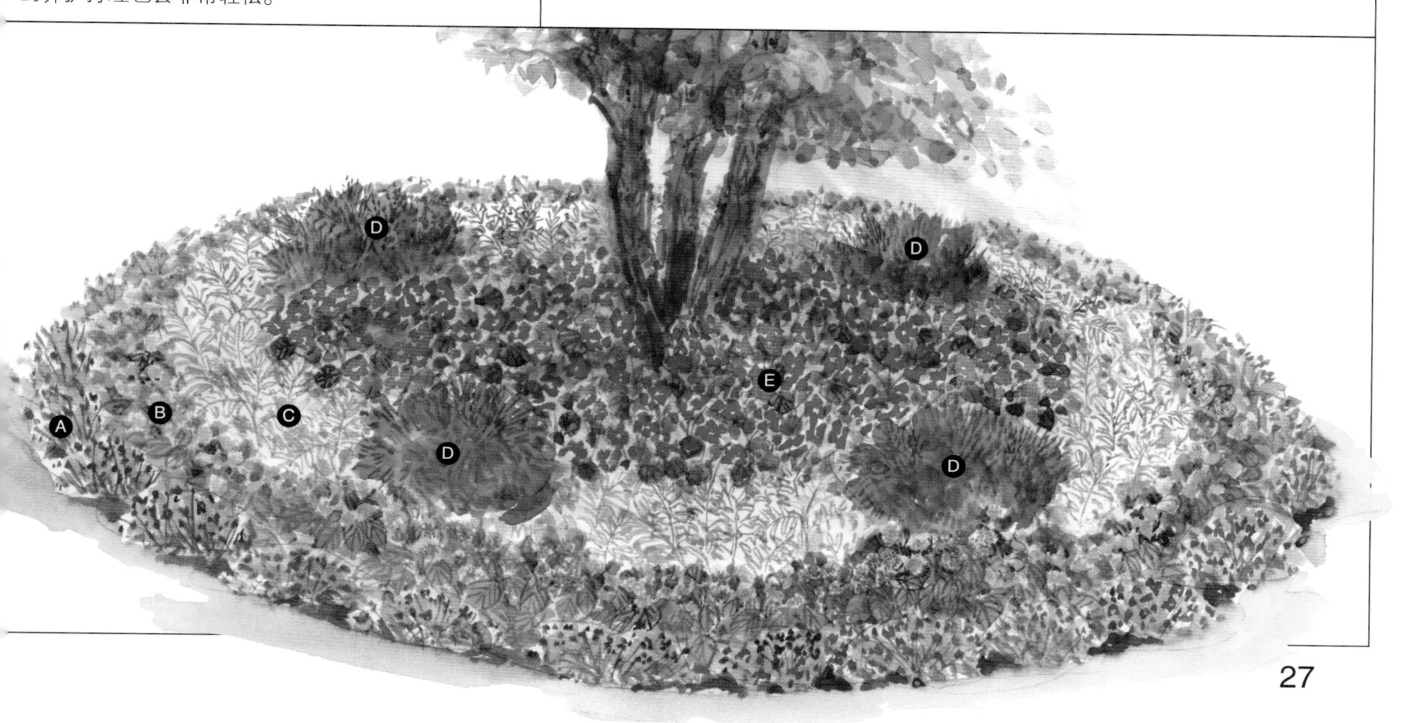

第二章

不同类型场地花园的建造方案

花园中背阴处比较多，或是有大斜坡，也许还有的地点阳光实在是过于“热烈”，而且很难获得水分，无论花园存在以上哪种问题，在本章中都能找到解决方案。在下面的内容中，读者可以欣赏到美丽的耐阴植物花园、斜坡的景观规划方案，以及如何在最低的湿度条件下创建出繁茂苍翠的耐旱植物花园。另外，针对水景植物花园和海滨花园如何抵抗盐碱雾和大风的问题，本章将给出相应的种植方案和解决之道。无论你的花园景观遇到什么样的问题和挑战，在本章中都能找到解决方法。

A Soothing Shady Border
清幽静谧小花境

凉爽、翠绿、清新，这些低调的植物为花园中这处全阴的区域带来一份宁静和优雅。

通过管理养护这处宁静详和的阴生植物花园来学会欣赏植物叶色、纹理结构和形状的细微渐次变化。

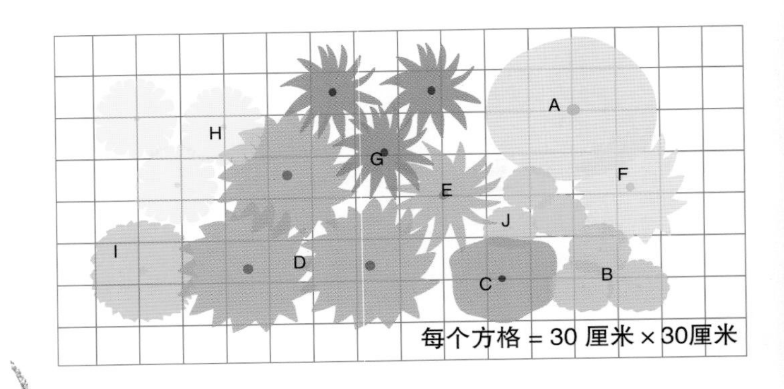

很多花色艳丽的植物都需要充足的光照，所以对于因光照不足而不能种植这些漂亮的植物，园艺师们经常会颇感失意。然而随着时代的变迁，关于背阴处花园的建造方案，大多数园艺师已经改变了原有的观点，他们将注意力更多地集中在那些有着美丽的叶片，或是形状与众不同，色彩淡雅，花色柔和以及具有特殊的纹理结构的耐阴植物上。

从示例中这处可爱的花境开始欣赏美妙的阴生植物花园。此处花境最大的特点是集中了多种出类拔萃的植物，包括春天花朵芳香迷人的杜鹃花，叶片精致淡雅的緌毛荷包牡丹以及叶片宽大、轮廓突出的玉簪属植物。既可以完全按照这个示例来建造，也可以根据自己的喜好进行调整，将主要的耐阴植物替换为下页中介绍的几种耐阴多年生植物。

这种耐阴植物花园喜欢潮湿的土壤。如果花园中的土壤不太令人满意，在种植植物时可先进行堆肥处理，以增加土壤的保湿能力以及对营养元素的保有力。

植物清单

A. 1株 杜鹃花(*Rhododendron* spp.)：适生区4–9
B. 3株 緌毛荷包牡丹(*Dicentra eximia*)：适生区4–8
C. 1株 北美蓼(*Persicaria virginiana*)：适生区5–9
D. 3株 玉簪(*Hosta plantaginea*)，或其他中大型的玉簪属植物：适生区3–8
E. 1株 花叶玉簪品种。例如‘爱国者’玉簪(*Hosta* ‘Patriot’)：适生区3–8
F. 1株 橐吾。例如‘火箭’窄头橐吾(*Ligularia stenocephala* ‘The Rocket’)：适生区4–8
G. 3株 北美玉竹(*Polygonatum commutatum*)：适生区3–8
H. 3株 黄色的大花洋地黄(*Digitalis grandiflora*)：适生区3–8
I. 1株 荷包牡丹(*Dicentra spectabilis*)：适生区3–9
J. 3株 杂交银莲花(*Anemone* × *hybrida*)：适生区4–8

对于示例中这种喜湿的阴生植物花园来说，土壤覆盖物特别重要。覆盖物一般为3~6厘米厚，每年春季应更新重铺。

超级植物巨星

耐阴花园最适宜种植的多年生植物

即使光照不足也不要绝望。你完全可以拥有一个真正的亮丽无比的花坛。下面这几种多年生植物只要水分充足，完全可以在半阴至全阴的环境下茁壮成长。

匍匐筋骨草（*Ajuga reptans*）目前的栽培品种多达几十个，这种漂亮的地被植物叶片色彩极富变化，有各种深浅不一的绿色、白色、粉色、酒红色以及银色。开蓝色或粉色的花，株高可达15厘米。适生区3–9。

落新妇属（*Astilbe* spp.）其叶片颇像蕨类植物，呈羽毛状非常惹人喜爱。品种花色非常丰富，有粉色、白色、红色、淡紫色、桃红色。不同品种株高不同，15～90厘米。适生区4–9。

深色黄堇（*Corydalis lutea*）是喜阴植物中花期最长的一种，其黄色花朵可从春天一直开到秋末。喜欢湿度充足但排水性好的基质。株高可达41厘米。适生区5–8。

缕毛荷包牡丹（*Dicentra exima*）缕毛荷包牡丹的株高不到30厘米，羽毛状的叶片开白色或粉色花，其花期非常长，除了夏季最炎热的时候不开花。荷包牡丹的株高可达60厘米。春季，那弯成拱形的枝条上开出粉色和白色的心形花朵，非常壮观迷人，接下来其叶片会日渐枯萎。这两种荷包牡丹的适生区均为3–9。

乌头（*Aconitum carmichaelii*）形似飞燕草，这种多年生植物在初秋开花，为美丽的深蓝色针状花序。株高可达122～183厘米。适生区3–7。

紫露草（*Tradescantia* spp.）茂密的叶片丛中伸出一根根开满花朵的茎枝，花色有蓝色、紫色或白色，株高可达90厘米。适生区4–9。

匍匐筋骨草

落新妇

深色黄堇

荷包牡丹

乌头

紫露草

Hostas by a Fountain
叮咚绿玉簪

有什么比花园中这处被喜湿的玉簪团团围住的水景更能令人感到清凉的?

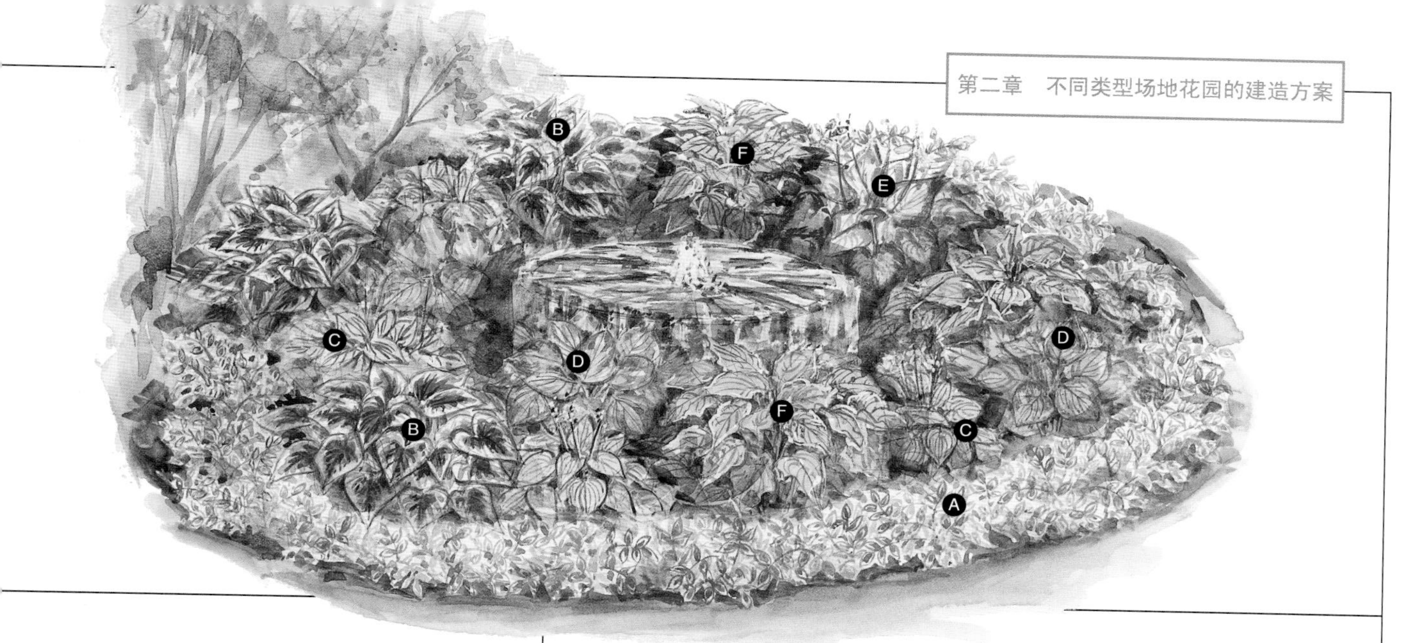

水和背阴区是天生的一对搭档。它们让人不禁联想起潺潺的河水以及河边茂密的丛林。按照这个感觉来重新建造一下后院吧。

磨盘石制喷泉是这处唤起大家共鸣的花园中心景观。在很多花园购物中心都能买到这种磨盘仿制品。当然也可以用另外形式的喷泉成品来替代。将喷泉放在花坛中心，装满水，插上电源，然后慢慢享受吧。（注：喷泉的电源应用GFCI户外安全电源产品。需由专业的电工将GFCI电源插座安装在喷泉附近预先设置好的地点。随着植物不断长大，它们的枝叶会将电源遮盖住）

将多品种玉簪种植在喷泉四周。本示例中建议选用一些特殊的栽培品，但也可以根据自己的喜好进行混合搭配。最关键的是要注意叶色（黄-绿，绿色带斑点-白，蓝-绿）和纹理形态（光滑的叶片，褶皱波状叶片以及卷曲的叶片）的搭配。

矮小的杂色爬行卫矛是优秀的镶边植物，非常易于养护管理。但是一定要用株高和冠幅均不会超过60厘米的品种，例如‘金镶玉’（‘Emerald Gold’）以及‘金翠’（‘Green Gold’）（仔细阅读商品标签，以确保其成品尺寸合适）。其余品种的爬行卫矛株高和冠幅可达150~185厘米。

另外，可供选择的耐阴镶边植物还有凤仙花属植物、羽衣草属植物、岩白菜属植物，以及缕毛荷包牡丹。

植物清单

A. 30株 小型的扶芳藤(*Euonymus fortunei*)：适生区5–9

B. 3株 绿–白花叶玉簪品种。例如‘平安夜’玉簪(*Hosta* ‘Night Before Christmas’)：适生区3–8

C. 4株 蓝绿色的玉簪品种。例如‘翠鸟’玉簪(*Hosta* ‘Halcyon’)：适生区3–8

D. 2株 带有蓝绿色溅斑、叶黄绿色的玉簪品种。例如‘金雾’玉簪(*Hosta* ‘Tokudama Aureonebulosa’)：适生区3–8

E. 2株 蓝绿镶边的金叶玉簪品种。例如‘保罗的荣光’玉簪(*Hosta* ‘Paul's Glory’)：适生区3–8

F. 3株 玉簪(*Hosta plantaginea*)：适生区3–8

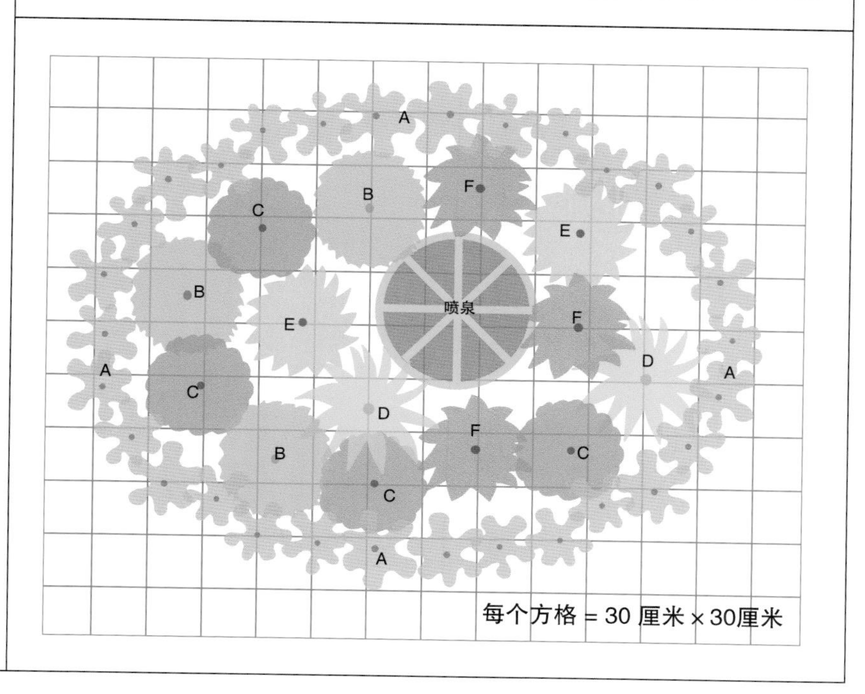

Shade Solutions 荫蔽区域的解决方案

A Garden by the Woods 林边花园

这处由喜阴植物组成的小花坛完美地完成了从草坪到树林的过渡。事实上，对于任何低光照的区域来说，这都是一个非常理想的设计方案。

用多年生植物组成的绚丽动人的曲形花坛，将修剪整齐的草坪与高高耸立的树木完美无瑕地结合在一起。

位于树林和草坪之间的区域通常比较难处理。如果在野趣十足的树林旁边创建一个正式的花坛，那么人工雕琢的痕迹会过于明显。而如果随意种植一些植物，则会让树林的外延区域看起来杂乱无章。

示例中的这个花坛堪称完美，它将邻近树林的半阴区域用更自然的植物填满，是极为理想的解决方案。

顶上放着鸟巢的立柱像树干一样，作为花坛的垂直景观，形成了整个花园的背景墙。这些鸟巢虽为人工建造的代表元素，但让景观整体看起来更加柔和自然。可以将从花园中其他地方挖出的大块岩石，放置在此处，为花坛多增添几分自然情趣。如果有其他类型的石头，也可以搬来放置于此，当然也可以改为放置其他植物或一些花园装饰品。

此方案也可以用于紧临高大栅栏的地方，或是建筑物旁边光线较弱的阴暗区域。

J K L I F G E H D C B A

植物清单

A. 5株 黄绿色的玉簪品种。例如‘金色山麓’玉簪(*Hosta*‘Piedmont Gold’)：适生区3–8
B. 1株 蓝绿色的玉簪品种。例如‘哈德斯本蓝’玉簪(*Hosta*‘Hadspen Blue’)：适生区3–8
C. 1株 镶金边的绿叶玉簪品种。例如‘金冠’玉簪(*Hosta*‘Golden Tiara’)：适生区3–8
D. 3株 花叶芋(*Caladium bicolor*)：适生区8–11，其余地区为一年生植物
E. 2株 蓝绿镶边、叶黄绿色的玉簪品种。例如‘柯克船长’玉簪(*Hosta*‘Captain Kirk’)：适生区3–8
F. 1株 粉叶玉簪(*Hosta* sieboldiana)：适生区3–8
G. 1株 镶金边的蓝绿色玉簪品种。例如‘黄圈’玉簪(*Hosta*‘Tokudama Flavocircinalis’)：适生区3–8
H. 6株 肺草。例如‘穆恩夫人’甜肺草(*Pulmonaria saccharata*‘Mrs. Moon’)：适生区4–8
I. 9株 林地天蓝绣球（林地福禄考）(*Phlox divaricata*)：适生区4–9
J. 1株 鸡爪槭（鸡爪枫）。例如‘红’鸡爪枫(*Acer palmatum*‘Dissectum Rubrifolium’)：适生区6–8
K. 5株 苏丹凤仙花（非洲凤仙花）(*Impatiens walleriana*)：一年生植物
L. 2株 大型的黄绿色玉簪品种。例如‘要点’玉簪(*Hosta*‘Sum and Substance’)：适生区3–8

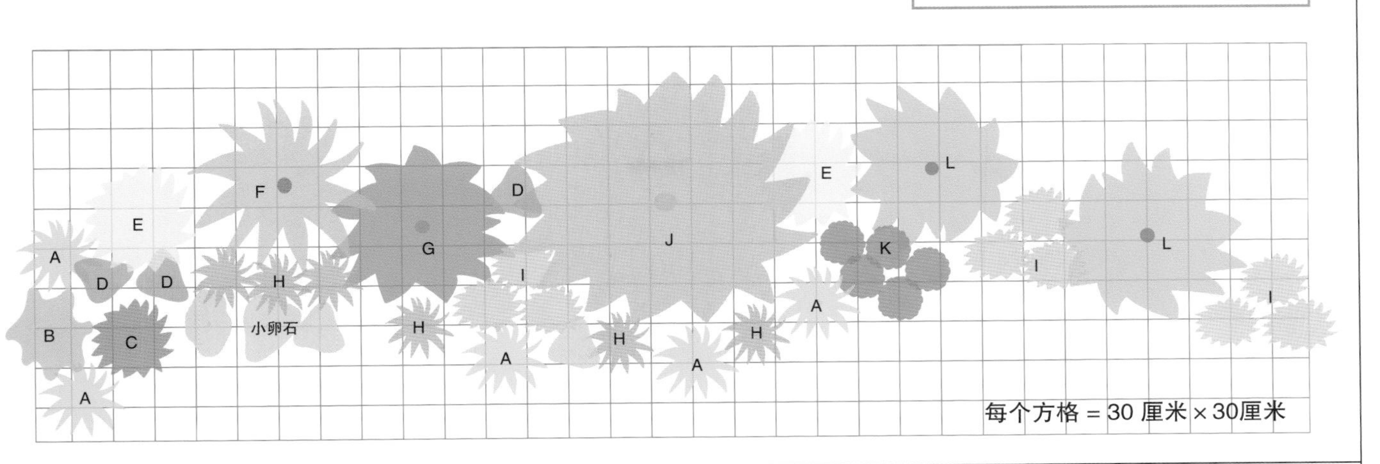

林边景观建造要点

用灌木将视线拉近林区。灌木以及矮小的景观树有助于将人们的视线调整至高大的林区。在林地混合植物区创建一个以灌木为主的花境不失为一种行之有效的方法，而且令人印象深刻。

贴近自然。用一些彰显自然主题的元素作为花园景观的亮点。示例中的鸟巢和石块是绝佳的花园装饰小品。也可以摆放蜂箱、装饰性的小鸟喂食器、浮木，或是一些小型的野生动物雕塑等。

智战小动物。挑选种植那些小鹿和兔子并不感兴趣的花卉和灌木，这样花园中的植物就不会被吃掉，从而可以完好地存活下来。记住不要与动物发生“冲突”。

No Water, No Fuss
无水，但无忧

这个耐旱植物花园栽种了易于生长的多年生植物，而且养护要求极低。

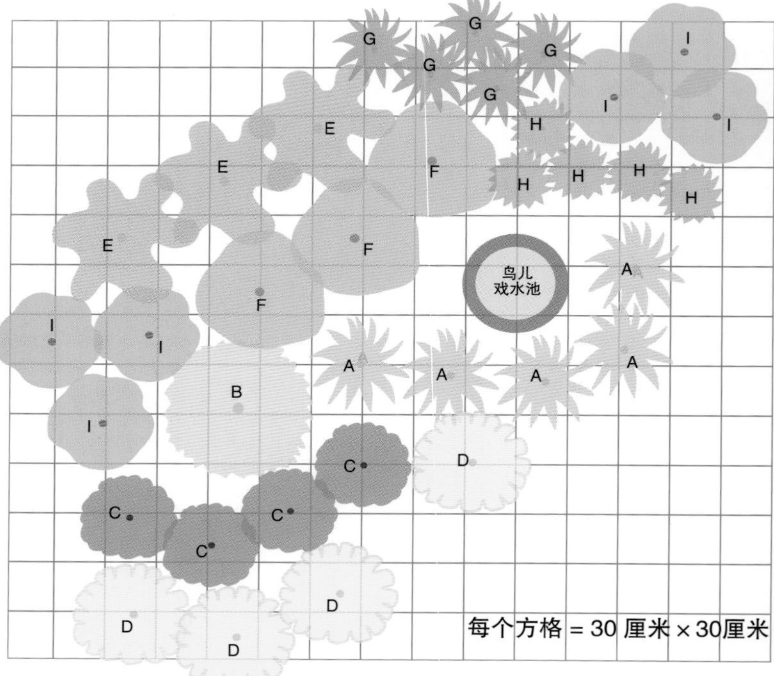

种下后几乎可以把它们遗忘！这处花园中种满了“坚如钉子”般的多年生植物，而且每年它们都会再重新萌发、生长，风采重现。

即使如此，这些植物也需要偶尔打理收拾一下。

叶片呈灰绿色并覆有银霜的观叶植物往往都具有较好的耐旱性，例如银香菊、薰衣草、蓍草、滨藜叶分药花和荆芥。在这些植物丛中可以搭配一个蓝色的供鸟儿戏水的花盆，不仅为这个干旱花园增添了几分清凉湿润，而且还能吸引访客们的目光。

大多数喜欢干旱气候条件的植物都要求基质具有良好的排水性，所以如果花园中的土壤属于重黏土，则需要混合充足的堆肥或掺入粗砂，例如多角砂，以提高土壤的排水性。对于喜欢排水性良好的植物来说，砾石是比较理想的覆盖物。它可以迅速地将多余的水分从植物的冠部（即茎与根的衔接处）排出，这样可避免植株发生由真菌引起的腐病。

植物清单

A. 5株紫花荆芥(*Nepeta* × *faassenii*)：适生区3–8

B. 1株蓍草。例如‘月光’蓍(*Achillea* ‘Moonshine’)：适生区3–9

C. 4株薰衣草。例如‘希德寇特’薰衣草(*Lavandula angustifolia* ‘Hidcote’)或‘孟斯泰德’薰衣草(*Lavandula angustifolia* ‘Munstead’)：适生区5–8

D. 4株 银香菊(*Santolina chamaecyparissus*)：适生区5–10

E. 3株 滨藜叶分药花(*Perovskia atriplicifolia*)：适生区5–9

F. 3株 松果菊(*Echinacea purpurea*)：适生区3–8

G. 5株 爆竹钓钟柳(*Penstemon eatonii*)：适生区4–9

H. 5株 松叶钓钟柳(*Penstemon pinifolius*)：适生区4–10

I. 6株 天蓝绣球（宿根福禄考）(*Phlox paniculata*)：适生区4–8

钓钟柳属

藿香属

丝兰属

蒿属

鼠尾草属

超级植物巨星

需水量最少的多年生植物

除了示例花园中的主景植物，还有很多种优秀的多年生植物在水分较少的情况也能茁壮成长。下面介绍五种这方面最优秀的植物，它们都需要全日照的环境条件。

PENSTEMON (*Penstemon* spp.)钓钟柳属

除了示例花园中使用的两个钓钟柳栽培种，还有几十个耐寒性和耐旱性均上佳的钓钟柳栽培种可供选择。‘淘气粉’红花钓钟柳（*P. barbatus*）‘Elfin Pink’，适生区4–8，长达60厘米的花茎上开满粉红色的管状花。而‘红岩’（‘Red Rocks’）和‘深紫长矛’（‘Pike’s Peak Purple’），适生区5–9，株高约46厘米。

AGASTACHE (*Agastache* spp.) 藿香属

这种多年生植物的管状花朵是蜂鸟的最爱。其株高可达90厘米。‘沙漠日出’（‘Desert Sunrise’）是灰毛藿香（*A. cana*）和岩生藿香（*A. rupestris*）杂交而成的栽培种，其桃粉色的花朵格外漂亮，而且需水量极少。适生区5–10。

YUCCA (*Yucca* spp.) 丝兰属

丝兰属植物那似长剑般的叶片令人难以忘却。每年植株长长的茎杆顶端都会开出一串串迷人的奶白色花朵。柔软丝兰（*Y. filamentosa*），适生区5–10，是东部地区最常见的品种。细叶丝兰（*Y.rostrata*），适生区6–9，花纹出色精细，非常适宜生长在干旱气候的地区。

ARTEMISIA (*Artemisia* spp.) 蒿属

对于带有银色叶片的蒿属植物来说，观花是次要的。‘波伊斯城堡’（‘Powis Castle’）的株高和冠幅均可达90厘米，适生区4–9。而‘海沫’（‘Sea Foam’）的株高仅为20厘米，银灰色的叶片呈泡状卷曲状，其非常适宜低湿度的地区，适生区4–10。

SALVIA (*Salvia* spp.) 鼠尾草属

多年生鼠尾草的花色非常丰富，蓝色、紫色、猩红色和粉色应有尽有。‘仲夏夜’森林鼠尾草*Salvia* × *sylvestris* ‘May Night’，适生区4–9，春季和夏季开深蓝色花朵，是较流行的品种。樱桃鼠尾草（*S. greggii*），适生区6–10，花期较晚。

Cooling Effect
冷光

清凉的喷泉四周种满了耐旱植物，堪为干热区域最完美的观花植物和观叶植物组合，令人倍感清爽。

如何设计耐旱植物花园

通过一些巧妙的设计，对于需要大量供水的景观，可以极大程度地减少需水量。

群植植物。在靠近房屋（和水源）的区域为饥渴的植物创建一个绿洲。将仅偶尔需要浇水的植物群植在稍远一些的地方。将自给自足能力最强的植物安置在房屋（或建筑物）的周边。

减少草坪面积。用观赏草以及需水量较低的地被植物、耐旱性强的多年生植物和灌木组成花坛和花境，来替代需水量大的草坪。

创建庇护区。下午能够适度遮阴有利于阻止植物被强烈的阳光晒蔫。种植一些树木，这样可以为植物们提供高大的庇护区以及斑驳的树荫。也可以建造一个格架小屋、藤廊或其他能够提供荫蔽区的建筑。

即使是在气候最为干燥的地区，示例中的这类花园依旧生机盎然。花园中种满了色彩斑斓、芬芳四溢的需水量极少的植物。

摒弃那些“饮水量”巨大的景观设计方案吧！在这个利于地球生态环境保护的设计中，这些对湿度要求非常低的植物，薰衣草、香雪球、滨藜叶分药花、百里香、鸢尾、大波斯菊，以及景天属植物将花园装饰得郁郁葱葱、绚丽芬芳。

穿过花园中那蜿蜒小路，访客们近距离感受着香雪球的芳香，以及药草植物散发出的独特气味。

这些植物已经适应了干旱区域那贫瘠而干燥的土壤。但是如果在种植时将堆肥与土壤混合，植物的长势会更加旺盛。

三层结构的正规式喷泉与四周随意种植的植物形成了鲜明对比，令人感到愉悦且趣味十足。同时喷泉与花园对面的高大植物形成了完美的视觉平衡，飞溅下来的水花声为花园增添了悦耳动听的音乐。

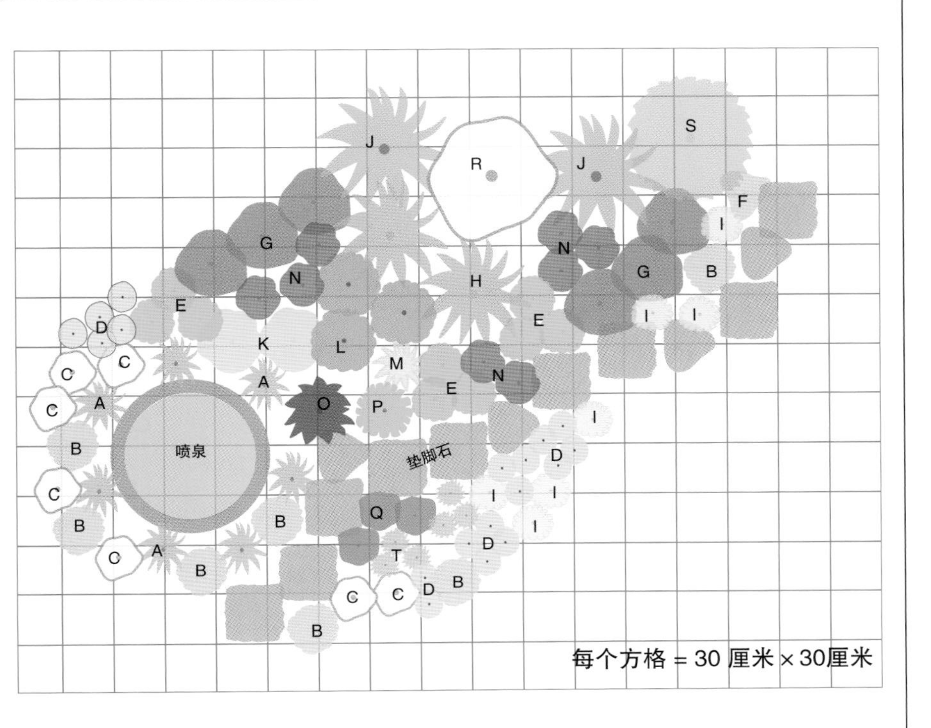

植物清单

A. 7株 蓝羊茅(*Festuca glauca*)：适生区4–8

B. 7株 百里香(*Thymus* spp.)：适生区4–9

C. 7株绒毛卷耳（夏雪草）(*Cerastium tomentosum*)：适生区2–8

D. 18株 三色堇(*Viola tricolor*)：一年生植物，需不断播种

E. 9株 硫华菊(*Cosmos sulphureus*)：一年生植物

F. 1株 异叶钓钟柳(*Penstemon heterophyllus*)：适生区6–10

G. 6株 薰衣草。例如'孟斯泰德'薰衣草(*Lavandula angustifolia* 'Munstead')：适生区5–9

H. 2株 滨藜叶分药花(*Perovskia atriplicifolia*)：适生区6–9

I. 7株 香雪球(*Lobularia maritima*)：一年生植物

J. 2株 芒草。例如'银羽'芒(*Miscanthus sinensis* 'Silberfeder')：适生区4–9

K. 2株 火把莲(*Kniphofia uvaria*)：适生区6–9

L. 3株 景天。例如'秋悦'长药景天(*Sedum spectabile* 'Autumn Joy')：适生区3–10

M. 1株 亚洲百合品种(*Lilium hybrids*)：适生区3–9

N. 8株 软叶鳞菊（丽晃）(*Delosperma cooperi*)：适生区5–9

O. 1株 西伯利亚鸢尾(*Iris sibirica*)：适生区3–9

P. 1株 飞鸽蓝盆花(*Scabiosa columbaria*)：适生区3–8

Q. 3株 土耳其婆婆纳(*Veronica liwanensis*)：适生区4–9

R. 1株 木曼陀罗(*Brugmansia hybrids*)：适生区10–11，其余地区为一年生植物

S. 1株 岩生圆柏(*Juniperus scopulorum*)：适生区4–7

T. 6株 '矮'毛叶钓钟柳(*Penstemon hirsutus* 'Pygmaeus')：适生区3–9

Fill a Slope with Fragrant Flowers 芬芳满坡

用月季及其他美丽芬芳的花园植物“驯服”这个斜坡，将它从底到顶装饰得无比壮观吧。

美化一个山坡堪称是一件令人望而生畏的任务，但是此设计方案却让整个任务变得异常轻松。

这个景观规划方案提供了解决之道。大量漂亮的易于养护的月季与芬芳怡人的一年生和多年生植物组合在一起，即使是最令人头疼的斜坡也可以被装扮得精美绝伦。可重复开花的月季与花开不断的灰蓝盆花和庭荠相搭配创造出了令人怦然心动的景观效果。用几根铁路枕木将斜坡底部加固，被抬高的山坡景观视觉效果更完美，同时自然本色的木材与山坡上波浪起伏的艳丽花海形成强烈的反差对比。

方案中使用了一些易于养护的粉色和白色的灌木月季品种，也可以替换为自己喜欢的其他品种或是在园艺店可以购买到的品种。选择易于养护的景观月季，例如深刻印象系列（Knock Out）月季、花毯系列（Flower Carpet）月季或是轻雅系列（Easy Elegance）月季。

在适生区5以及更寒冷的地区，冬季的防寒保护是尤为重要的问题。在更为寒冷的地区，‘喜极’（‘Polar Joy’）是较理想的品种，可以替换树状月季‘冰山’（‘Iceberg’）。

斜坡景观设计要点

控制侵蚀。避免过度地挖掘土壤。尽量挖窄而深的种植坑，最小程度地挖掘斜坡的表层土。

稳固斜坡。除了景观木材，也可以使用石板或铺路用的薄片石堆放两三层，建一个矮墙。将矮墙最下面的一层埋在土中，确保基础更牢固稳定。

选择合适的灌木和多年生植物。这类植物发达的根系更利于斜坡土壤的固定。同样也不必每年都挖掘一些种植坑来栽种一年生植物。

使用厚重的覆盖材料。覆盖物可以阻止土质被侵蚀，但是较轻的覆盖物，例如松针或可可壳极易被水冲走。所以应选择大块厚重的树皮，这种材料更易“待”在原地。

考虑采用容器花园。盆栽植物可以增添花园的趣味性。将花盆的底部稍稍埋入斜坡的土层中可以增加稳定性。用亮丽的一年生植物填满斜坡的每一处，打造出五彩缤纷的景观。

花园大智“汇”

要不要自己动手？

对于坡面景观建造，无论是准备建成阶梯式还是矮挡土墙式，都会面临一个棘手的问题：自己动手？还是聘请专业人士施工？如果墙高不超过30厘米，自己动手搭建可以确保施工及工程的安全性。但如果墙体较高，建议聘请专业人士进行施工，以避免墙体由于侵蚀而遭受损坏，或出现墙体倒塌等潜在的危险情况。

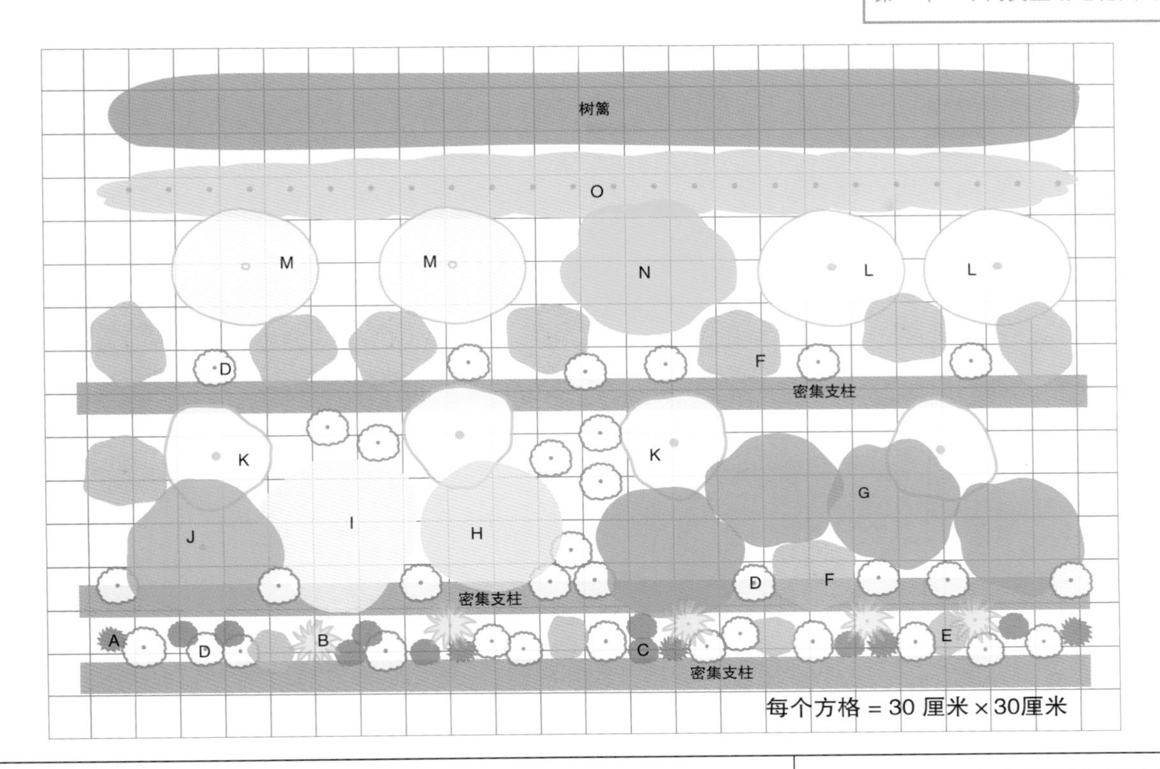

植物清单

A. 5株 粉红色或红色的小天蓝绣球（福禄考）(*Phlox drummondii*)：一年生植物

B. 5株 矮烟草(*Nicotiana × sanderae*)：一年生植物

C. 9株 蓝色或紫色的三色堇(*Viola tricolor*)：一年生植物

D. 34株 香雪球(*Lobularia maritima*)：一年生植物

E. 4株 六倍利(*Lobelia erinus*)：一年生植物

F. 9株 飞鸽蓝盆花(*Scabiosa columbaria*)：适生区3–9

G. 4株 粉红色的灌木月季。例如‘格特鲁德·杰基尔’月季(*Rosa* ‘Gertrude Jekyll’)：适生区5–9

H. 1株 粉红色的灌木月季。例如‘遗产’月季(*Rosa* ‘Heritage’)：适生区5–9

I. 1株 浅粉色的灌木月季。例如‘凯瑟琳·莫莉’月季(*Rosa* ‘Katherine Morely’)：适生区5–9

J. 1株 杏色的灌木月季。例如‘亚伯拉罕·达比’月季(*Rosa* ‘Abraham Darby’)：适生区4–9

K. 4株 ‘冰山’月季(*Rosa* ‘Iceberg’)或其它白色的树状月季：适生区6–9

L. 2株 白色的丰花月季。例如‘玛格丽特·梅莉尔’月季(*Rosa* ‘Margaret Merril’)：适生区5–10

M. 2株 浅粉色的灌木月季。例如‘无比幸福’月季(*Rosa* ‘Sheer Bliss’)：适生区6–10

N. 1株 粉红色的灌木月季。例如‘英雄’月季(*Rosa* ‘Hero’)：适生区4–9

O. 24株 毛地黄(*Digitalis purpurea*)：适生区4–8

Sky-High Gardening
天高任花开

高山气候意味着温度变化很快，生长季节很短，以及令人头疼的土壤问题。此花园设计方案成功解决了这些问题。

高海拔地区的园艺大师们可以尽情享受绚丽多姿的高山景观，然而，即使是在最华美的背景前，这处瑰丽壮观的花园盛景也是极富竞争力的。

此花园的关键是运用了高抬式花坛的设计理念。这种设计不仅创建出免受侵蚀的平整的种植面，而且也让土壤改良工作更加轻松容易。将高质量的表层土填入花坛，也可将堆肥与土壤混合后作为种植基质。如果种植区域的地基略微倾斜，则需要用木材将花坛的三面围拢起来，让花坛与坡面融为一个整体。

花坛中种满了一年生和多年生植物，这些植物要求能够抵御变幻无常的高山气候——今天还温暖宜人，说不定第二天就寒风刺骨了。

D E I M C H H K G F J L

成功建造高海拔花园的要点

添加有机元素。岩石，砾石土壤的排水性很好，但同时也不易保留住营养元素。根据花坛中现有的土壤体积，再混入相当其三分之一体量的堆肥来进行土壤改良。

选择乡土植物。找到并种植那些能够忍受高海拔地区极端气温的植物。高山地区的乡土植物经过了很多世纪的进化，是最适宜的。

防风保护。花坛和花境应位于带有庇护设施的区域，特别是要能够遮挡西风和北风。可以设立一个景观缓冲区，种植一些常绿植物，如松树、云杉和刺柏等。

植物清单

A. 1株 长药景天(*Sedum spectabile*)：适生区4–9
B. 1株 鞑靼驼舌草(*Goniolimon tataricum*)：适生区4–9
C. 2株 全缘金光菊(*Rudbeckia fulgida*)：适生区4–9
D. 7株 百日菊(*Zinnia elegans*)：一年生植物
E. 8株 蓝花矢车菊(*Centaurea cyanus*)：一年生植物
F. 2株 羽衣甘蓝(*Brassica oleracea* var. *acephala*)：一年生植物
G. 9株 大波斯菊(*Cosmos bipinnatus*)：一年生植物
H. 6株 金鱼草(*Antirrhinum majus*)：适生区5–9
I. 9株 熊耳草(*Ageratum houstonianum*)：一年生植物
J. 3株 六倍利(*Lobelia erinus*)：一年生植物
K. 5株 虞美人(*Papaver rhoeas*)：一年生植物
L. 1株 骨子菊（蓝目菊）(*Osteospermum* spp.)：适生区10–11，其余地区为一年生植物
M. 2株 金盏菊(*Calendula officinalis*)：一年生植物

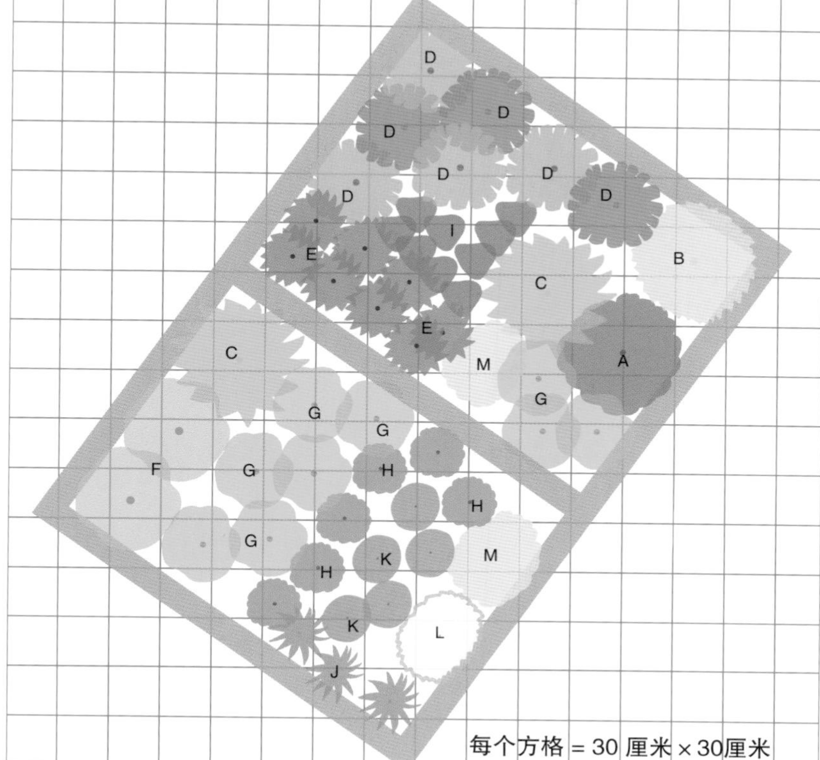

设计要点

泥土的真相

什么样的土壤最适宜高抬式花坛？花坛中最上层的45厘米土壤应为高质量的表层土与足量堆肥的混合物。如果花坛较深，下层的土壤可用质量较差的泥土。

Splash of Color
流光溢彩

水池四周多年生植物和一年生植物的简洁组合带来华丽多彩的变化。

此处池塘景观一端在阴处而另一端在阳处，设计师因地制宜地根据光照的变化层次进行了设计。在池塘四周的最外圈采用了柔和的色彩，并添加了一些五彩缤纷、芳香四溢的植物。

这类水景花园急需在其四周都种上植物，但是花园主必须在植物选择方面多下些工夫，因为从池塘的一端到另一端光照水平变化极大。紧挨着雕像喷泉的位置荫蔽程度较大，非常适宜种植玉簪以及枝条如瀑布般垂到水边的洋常春藤。而在池塘的另一边——沐浴着较多阳光的地方，仿佛在召唤着五颜六色的花儿汇聚一堂。各色石竹、景天、美女樱、醉蝶花，以及繁星花等竞相怒放、争奇斗艳。

种在花盆里的玉蝉花（紫花鸢尾）模拟了野生鸢尾的自然生长状态——长在水塘的浅水部分，这一设计将花园中的池塘赋予了几分野趣。玉蝉花种植时，特别要注意应将它们的根部放在水下，可以用花盆填入园土后将其种下，然后再将花盆放入池塘中，使花盆的边沿刚好位于水面之下。如果池塘的水中没有放置浅水搁架，可以在花盆下面垫上砖块或混凝土块，调整花盆入水的深度以达到适宜的位置。

植物清单

A. 3株 玉簪(*Hosta plantaginea*)：适生区3–8
B. 8株 洋常春藤(*Hedera helix*)：适生区5–10
C. 2株 蓝扇花(*Scaevola aemula*)：一年生植物
D. 8株 石竹(*Dianthus hybrids*)：一年生植物
E. 5株 景天。例如‘安洁莉娜’岩景天(*Sedum rupestre* ‘Angelina’)：适生区6–9
F. 8株 杂交马鞭草(*Verbena* × *hybrida*)：一年生植物
G. 5株 匍匐筋骨草(*Ajuga reptans*)：适生区3–8
H. 5株 五星花(*Pentas lanceolata*)：一年生植物
I. 3株 ‘金黄’圆叶过路黄(*Lysimachia nummularia* ‘Aurea’)：适生区4–8
J. 4株 玉蝉花(*Iris ensata*)：适生区4–8
K. 1株 ‘小亨利’北美鼠刺(*Itea virginica* ‘Little Henry’)：适生区5–9
L. 3株 醉蝶花(*Cleome hassleriana*)：一年生植物

花园大智“汇”

水景花园建造要点：

考虑地形优势。如果想从每个方向都能欣赏到池塘的美景，那么在四周宜种植些低矮的植物。但是如果仅想从两三个方向观赏水景，则可考虑将高大一些的植物作为池塘景观的背景幕墙，种植到较远一侧。

提供近景观景处。花园中的池塘往往最能吸引人们的注意力。可以在水中铺设几块步石或其他类型的可供人站立的设施，允许一两人站立，以便人们可以近距离地欣赏水中的美景。

选择适宜的植物。虽然与园中其他地方相比，池塘边的土壤湿度并不会特别大，但是在紧挨池塘边的位置也应种植一些喜湿的植物，例如蕨类植物，莎草、鸢尾以及玉簪等。相比种上一些耐旱性较好的植物，在池塘边种植这些喜湿的植物看上去更贴近自然。

建一个沼泽栽培区。挖一个约45厘米深的坑，放上衬垫。然后逐渐挖浅形成一个排水缓坡。再填入肥沃的表层土或（和）堆肥。在这个棒极了的种植区内，可以培植香蒲、橐吾、落新妇、慈姑、美人蕉、路易斯安娜鸢尾(*Iris* ser. *Hexagonae*)，以及其他喜欢长在湿地里的植物。

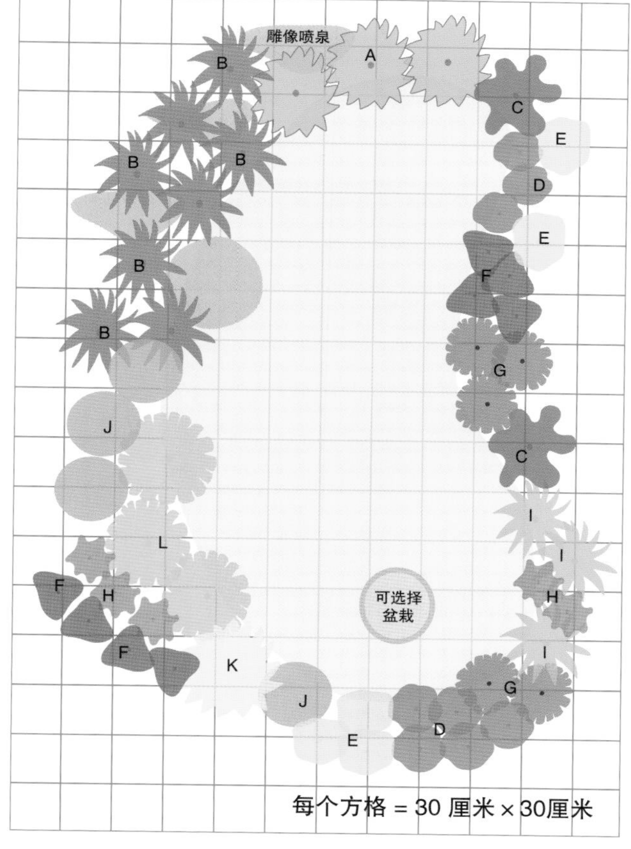

Seaside Garden
海滨花园

不要让狂扫的海风、砂壤土，以及盐碱雾击垮你的花园。一切都应顺其自然而不是与之对抗。

巧妙地选择植物，并灵活地运用一些园艺技巧，沙地、荒地也能被改造成美丽壮观的景观花园。

如果你非常幸运地居住在海边，或许你所有的渴望即是：坐拥海边那美丽而令人愉悦的景色，当然还有一座繁花似锦的大花园。

其实，这两个愿望并不相互排斥。此设计方案汇集了多种耐盐碱的、并能在砂壤土中健康生长的多年生植物。它们最适宜冷凉的气候条件，并能抵御新英格兰地区冬季的严寒。

海滨花园所面临的最大挑战就是盐碱雾问题，这一问题在土壤中和空气中都存在（海风可以将盐碱雾带到几十千米外的内陆）。盐碱雾会烧坏植物的叶片，并阻碍其生长。

海风是植物面临的另一项挑战。虽然海风可以让人们在沙滩上尽情地放风筝，让船在海水中自由地航行，但同时它们也吹干了海边的土壤和植物的叶片，而且还能将高大的树木掀翻。

砂壤土仅能够保留非常少的水分，导致植物很快就处于缺水状态。另外，由于营养缺乏会导致植物“饿”死，除非人为添加充足的有机物和肥料。

然而，可以通过种植一些适宜海边生长的植物来克服这些问题，创建一个“华丽无比”的海滨花园。

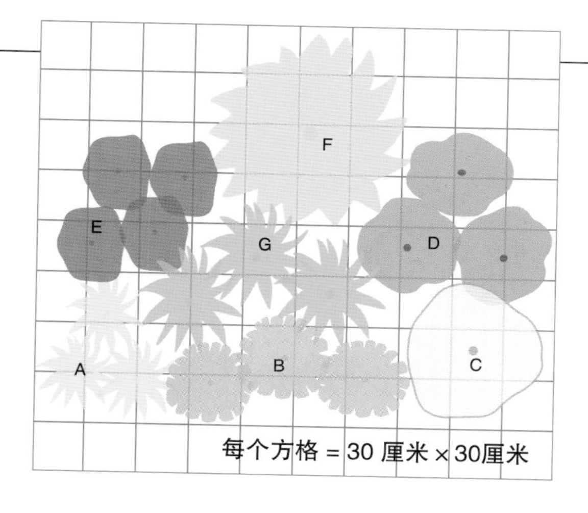

植物清单

A. 3株小型萱草。例如‘山巅之星’萱草(*Hemerocallis*‘Stella d'Oro’)：适生区3–10
B. 3株绵毛水苏(*Stachys byzantina*)：适生区4–8
C. 1株矮桃(*Lysimachia clethroides*)：适生区4–9
D. 3株毛剪秋罗(*Lychnis coronaria*)：适生区4–8
E. 4株皱叶剪秋罗(*Lychnis chalcedonica*)：适生区4–8
F. 1株赛菊芋(*Heliopsis helianthoides*)：适生区4–9
G. 3株大花的萱草品种。例如‘露希尔女士’萱草(*Hemerocallis*‘Lady Lucille’)：适生区3–10

花园大智“汇”

如何建造一座美丽的海滨花园

海风、盐碱雾以及砂壤土，所有这些让人头疼的问题都让海滨花园的建造面临巨大挑战。但是可以通过选择适宜这些环境条件的植物来顺应自然生态，同时这些植物也可以给环境带来些许改观。

准备适宜的土壤。在砂壤土中和岩土中添加大量的堆肥以提高它们的吸水能力和保持养分的能力。每年春季至少在土壤中铺洒2.5厘米厚的堆肥。

减缓大风。找一个能够遮蔽大风的地点，种上一些速生的常绿树，例如松树或刺柏，作为防风林。在天气寒冷的地区，这些防护林可以保护植物免受干旱的侵扰以及冬季大风的催毁。对于所有地区来说，防护林有助于在温暖天气时减轻所种植物的水分流失。同时它也是一道让植物免受盐碱雾侵扰的屏障。

从小开始。与从其他种植条件较理想的地区直接移植过来的较大植物相比，从幼苗种植的植物可以更快地适应恶劣的环境条件。

海石竹

蓝花莸

玫瑰

猫薄荷

滨藜叶分药花

超级植物巨星

五种非常棒的海滨植物

能够适应海边的环境条件而健康生长的植物通常都具有蜡质的叶片，或是灰色、银色的叶片，例如景天属植物，蒿属，滨海刺芹以及薰衣草等。下面介绍五种非常出众的多年生开花植物，如果打算建造一座海滨花园，不妨可以考虑种植。

海石竹(*Armeria maritima*)

属低矮的丛生植物，浓密的叶片丛中可伸出30厘米高的柔软的茎杆，顶端开有粉红色的花簇球。春季是盛花期，但其在整个夏季也偶尔开花，尤其是如果能及时将凋谢的花朵摘去。适生区3–8。

蓝花莸 (*Caryopteris × clandonensis*)

别称兰香草，作为多年生植物最好在秋季霜降后将其修剪砍掉枝条。晚夏，银色的枝条上开满一簇簇蓝色小花，吸引着蜜蜂留连驻足。适生区5–8。

玫瑰 (*Rosa rugosa hybrids*)

深绿色有质感的对生叶片中开出一朵朵玫瑰花。其叶片光滑或粗糙。目前栽培品种多达几十种，株高最矮的为90厘米，最高的可达185厘米。适生区2–7。

猫薄荷（荆芥属）(*Nepeta* spp.)

与我们常说的荆芥(*Nepeta* spp.) 并不是同一种植物，而是一种带有扇形银色叶片，开短小的针状蓝紫色花的成堆形生长的植物，非常可爱。盛花期为晚春至初夏，如果能及时将开始凋谢的花枝剪除，可以促进花朵再次大量盛开。目前栽培品种很多，有些株形较大的品种高达30～60厘米，冠幅达120厘米，如‘六巨山’（‘Six Hill’s Giant’）。适生区4–9。

滨藜叶分药花 (*Perovskia × atriplicifolia*)

经过简单支撑，像灌木般生长的俄罗斯鼠尾草可以抵抗七级以上的强风。在中夏至晚夏，银灰色的茎杆上开出淡紫色至紫色的花朵，株高可达120厘米。适生区4–10。

第三章

富有创意的色彩组合

大自然为我们提供了一个五彩缤纷的调色板，就像孩子们用手中的蜡笔来描绘世界一样，所有这些光影和色调变幻，让我们轻松、开心地玩转色彩组合。通过对色彩搭配的缜密思考，无论是立足于简单明快的设计方案，还是着眼于绝美惊人的花坛或花境设计，都能获得与众不同的景观效果。在接下来的内容中，将更多地讲述花园中的色彩运用问题，并展示一些示例，希望有助于大家创造出完美的杰作。

Spring time Splendor 春光无限，熠熠生辉

冷色调的花坛令人感到平静并充满了甜蜜浪漫的氛围。

设计一座在盛花期前后仍具有上佳视觉效果的景观花园。一旦芍药、鸢尾和鹰靛的花朵开始凋谢，花坛会显得稀疏乏味，那么在这夏季剩余的时光里，美丽的叶片就担负起在装扮花园的重任了。此时仲夏开花的滨藜叶分药花成了花园的主角，但无论什么季节，日晷仪雕塑依然都是引人注目的花园焦点。

无论你倾心于蓝色还是粉色，如果打算营造出一个平静而祥和的氛围，柔和淡雅的色彩都不失为一个好的选择。

这处喜阳的花坛，在晚春时节进入了巅峰，紫色和白色的西伯利亚鸢尾，淡粉色的芍药，以及柔和的奶油色和栗色的鹰靛竞相开放。到了生长季末期，滨藜叶分药花又为花园增添了一抹淡紫。

为了避免花坛中的色彩过于艳丽矫揉，示例中使用花叶的玉簪，它那硕大的绿色叶片为花坛平添了几分清新爽洁之气。初夏之后，植物的花期已经结束，但花坛依旧生机蓬勃、魅力无限，直到霜冻期开始。虽然园中的植物组合也可以独立成景，但设计师将日晷仪雕塑作为这处花坛的焦点。当然，花坛的焦点景观也可以用鸟儿戏水盆或其他类型的雕塑来替代。

如此之Cool！

冷色调——蓝色、紫色、淡紫色、蓝灰色、绿色以及淡粉色，如果想营造平静详和而又浪漫的氛围，将这些色彩应用于任何地方都是极为完美的。与暖色调（详见52～54页）不同，冷色调毫不张扬，它们低调内敛。几乎所有冷色调的颜色都可以搭配在一起，你可以任意混搭。绿色叶片的观叶植物可以和花色为冷色调的植物搭配在一起。但是，叶片为灰色的植物，例如蒿属、银叶菊、绵毛水苏、薰衣草等，真正最能吸引人们的是它们迸发出的这种柔和的叶色。另外，还可以在花坛中随意增添几株白色的植物，令淡雅的调色板更为醒目突出。

植物清单

A. 1株 紫玉簪(*Hosta albomarginata*)：适生区3–8

B. 1株 分药花。例如‘小尖塔’滨藜叶分药花(*Perovskiaatriplicifolia* ‘Little Spire’)：适生区5–9

C. 1株 白花赝靛(*Baptisia alba*)：适生区4–8

D. 3株芍药。例如‘莎拉·伯恩哈特’芍药(*Paeonia lactiflora* ‘Sarah Bernhardt’)：适生区3–8

E. 3株 紫色的鸢尾。例如‘凯撒弟兄’西伯利亚鸢尾(*Iris sibirica* ‘Caesar's Brother’)：适生区4–9

F. 3株 白色的鸢尾。例如‘白色旋涡’西伯利亚鸢尾(*Iris sibirica* ‘White Swirl’)：适生区4–9

Brilliant Yellow and Red
黄与红，光彩绚烂

极富动感的色彩组合，如二重唱般相互唱和，发出令人不能忽视的热情“鸣唱”。

黄色和红色的花坛，间或洒上一些白色和紫色，牢牢地抓住了人们的注意力。

在自然界中容易找到的最明亮的颜色恐怕要属黄色和红色了。在示例花坛中大量运用了这两种色彩，它们组合在一起极具诱惑力。

无论是人行道两侧还是房屋旁边，这处精彩无比的花坛都堪称典范。花坛中种满了喜阳的植物，即它们每天至少要接受6小时的日照。

荷兰鸢尾、金鱼草、美女樱、薰衣草、木茼蒿（玛格丽特菊），以及其他热爱阳光的植物挤满了花坛。如果采用高抬式花坛，或带有挡土墙的花坛，在花坛前面可种植低矮的蔓生植物，其优雅垂下枝条可以将花坛的边沿遮掩起来。将红色和黄色的花毛茛种在花坛中央，高大的鸢尾、金鱼草和薰衣草作为高高耸立的背景墙。

用暖色调建造花坛

在傍晚的日落时分，可以看到这些暖色——鲜艳的粉色、橙色、红色和黄色。它们赋予万物热情，其散发出的咄咄逼人的活力瞬间就能将你的内心捕获。花坛中任何一处计划作为重点景观而突出强调的地方都可以使用这类颜色。

为了防止这些暖色过于强势，可以考虑在这些明亮的暖色中植入几株开白色或奶油色花朵的植物，以削弱其势力。当然也可以通过添加一些绿色植物让暖色调的色彩组合变得更为舒缓。可以在花坛中植入一些观叶植物，例如玉簪、筋骨草属植物或是矾根，在这些热情四射的色块中留下些许让人喘息的空间。也可以植入一株开蓝色或紫色花朵的植物，这样既能营造出奇妙非凡的效果，又让这过于热闹的颜色中多了几分娴静。

每个方格 = 30 厘米 × 30厘米

植物清单

A. 5株 黄色的鸢尾。例如‘金色丰收’荷兰鸢尾(*Iris* × *hollandica*‘Golden Harvest’)：适生区5–9

B. 3株 木茼蒿（木春菊、玛格丽特菊）(*Argyranthemum frutescens*)：一年生植物

C. 5株 米黄色的金鱼草(*Antirrhinum majus*)：一年生植物

D. 9株 红色和黄色的花毛茛(*Ranunculus asiaticus*)：适生区7–9

E. 3株 薰衣草(*Lavandula angustifolia*)：适生区5–9

F. 6株 红色的马鞭草。例如‘泰勒红’马鞭草(*Verbena* × *hybrida*‘Taylortown Red’)：适生区7–9，其余地区为一年生植物

G. 6株 短舌匹菊(*Tanacetum parthenium*)：适生区4–9

H. 3株 黄色或乳白色的孔雀草(*Tagetes patula*)：一年生植物

区域注意

冷凉气候条件下植物的选择

示例中的这处花坛中有很多种多年生植物最适宜在更温暖一些的地区种植，例如美国的南半部以及太平洋西北地区。在稍冷一些的地区，应将荷兰鸢尾替换为黄色有髯鸢尾。将柔弱的花毛茛替换掉，可考虑使用高大一些的万寿菊。然后将垂吊型的多年生马鞭草替换为红色的一年生马鞭草或红色的矮牵牛。

Red Hot
红色激情

刚想要忽略红色花园——它就大声疾呼“请注意我”，瞬间，整座花园的激情点燃了。

红色花园的设计是比较难把握的——因为某些红色与其他色彩并不协调。但是这座搭配协调且美丽迷人的红色花园却拥有极富感染力的色彩组合，瞬间开启你激情四射的一天。

这个红色主题的花境成为前庭花园中绝妙的一处，所有路人的目光都会被它牢牢地抓住。也可以将它放置在处于远端的后园中，尽情欣赏它那炽烈浓郁的色彩。

自然界中存在着大量开红色花朵的植物。很多植物学名中都带有拉丁文中表示“红色”含义的字母，例如拉丁文单词cardinalis（深红色的），coccineus（猩红色的），rosea（玫红色的），rubra（红色的），ruber（红色的）and sanguineus（血红色的）。

大多数开红色花朵的植物都喜欢阳光，每天至少需要6小时沐浴在阳光下。很少有开红色花朵的植物能够在背阴处健康成长。然而凤仙、四季秋海棠和块根秋海棠、铁筷子属、一串红和花烟草种植在阴凉处花色依然红艳，它们每天接受日照的时间可以为6小时或更短。如果花园处在荫蔽处，可以替换种植一些耐低光照的植物品种以满足设计要求。同时也可以考虑种植一些叶片带有红色斑点的植物，例如彩叶草和五彩芋。

红色的运用要点

红色色调极为丰富。有些红色为猩红色（带有橙色的红色），有些则为深红色（紫红），还有一些接近于品红（带有粉红色的红色）。此外，红色的色彩范围非常广泛，从玫瑰红色到锈褐色。所以，在进行红色花朵组合搭配时要格外小心留意。一些明暗渐变的色调组合在一起并不一定都协调相配。可以先尝试一下，用自己的眼睛去评判该颜色组合效果是否令人满意。

红色花朵可以吸引蜂鸟和蝴蝶。呈管状的红色花朵，例如钓钟柳和一串红的花朵，尤其深受蜂鸟的喜爱。

红花配绿叶是最完美的。深翠绿色和深绿色是最完美的。黄绿色会让红色花朵略显逊色。然而略带紫色的栗色叶片会让红色花朵格外引人注目，例如开着红色花朵的带有紫色叶片的美人蕉。

干净、明亮的红色让凉爽、多雨的春季充满活力。这个季节红色郁金香是极棒的选择。在秋季，更深一些的红色与橙色或酒红色混合在一起，与秋季花园中其他丰富多彩的颜色一起构成了花园中的一幅美丽画卷。

每个方格 = 30 厘米 × 30厘米

植物清单

A. 6株 红色的凤仙花。例如‘耀眼红’苏丹凤仙花(*Impatiens walleriana*‘Dazzler Red’)：一年生植物

B. 1株白色的花烟草(*Nicotiana alata*)：一年生植物

C. 2株 红色的大丽花。例如‘兰达夫主教’大丽花(*Dahlia*‘Bishop of Llandaff’)或‘红矮人’大丽花(*Dahlia*‘Red Pygmy’)：适生区8–10，其余地区为一年生植物

D. 3株 红色的美国薄荷（香蜂草）。例如‘雅各布·克兰’美国薄荷(*Monarda didyma*‘Jacob Kline’)：适生区3–9

E. 3株 杂种铁筷子（杂交嚏根草）。例如‘红夫人’铁筷子(Helleborus × hybridus‘Red Lady’)：适生区4–9

F. 2株 黄杨。例如‘紧凑’小叶黄杨(*Buxus microphylla*‘Compacta’)：适生区6–9

G. 5株 酢浆草。例如‘铁十字’四叶酢浆草(*Oxalis tetraphylla*‘Iron Cross’)：适生区8–9，其余地区为一年生植物

H. 2株宿根六倍利。例如‘葡萄汁’六倍利(Lobelia‘Grape Knee–Hi’)：适生区6–9

I. 1株红色的亚洲百合。例如‘黑山’百合(*Lilium*‘Monte Negro’)：适生区3–8

Singing The Blues
蓝调音乐

平静的蓝色唤起了人们对蓝天和大海的联想。将每一处色彩变换和色调中都混入一抹蓝色，创造一个令人感到宁静抚慰的花境。

蓝色是很多园艺师所钟爱的颜色吗？这一点毋庸置疑。清凉安静的蓝色主题花园有助于劳作了一整天的人们放松休息，可谓是完美至极的设计方案。

在大部分的植物中几乎很难发现开出纯正蓝色花朵的植物。但是紫色、蓝紫色以及淡紫色都没问题，这类颜色的植物品种非常丰富，其色彩与纯蓝极为相近，同样绚丽无比。

这处种满开美丽蓝色花朵的植物花园需要保证全日照，翠雀花、鼠尾草、夏堇、紫菀、三色堇，以及蓝英花个个流芳溢彩。当然，也可以替换为其他喜全日照的蓝色植物，例如矮牵牛、婆婆纳、勿忘我、天芥菜、八仙花、鸢尾、牵牛花、补血草或葡萄风信子。

如果喜欢，可以在这个蓝色植物的海洋里添加白色、粉色或黄色，让这座蓝色花园更富于个性。这些色彩会让花园活力四射，看上去不那么虚幻飘渺。

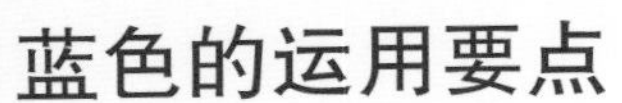

蓝色的运用要点

让蓝色更突出醒目。用开白色花朵或有灰色叶片的植物更能衬托出蓝色花园的美妙。

运用蓝色来扩展视觉空间。对于狭长的花园可以沿其周边种植一些绽放蓝色花朵的植物，位于院子后部的花坛也可这样处理。蓝色在视觉上具有收敛效果，可以让小空间看上去更宽阔。

混种一些带有蓝色叶片的植物。某些品种的玉簪、很多多肉植物以及常绿植物，例如刺柏和云杉，都拥有漂亮的蓝色叶片。

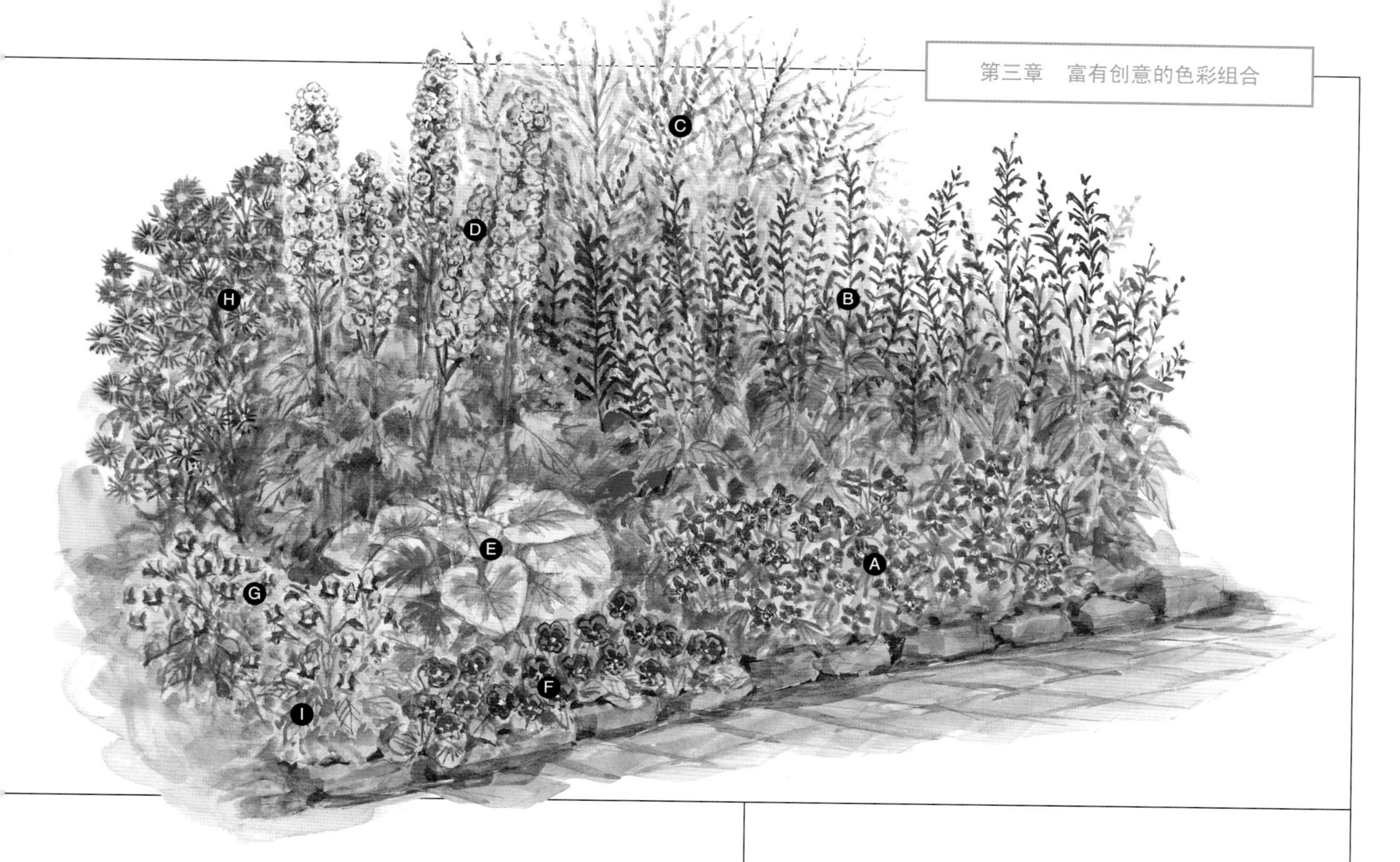

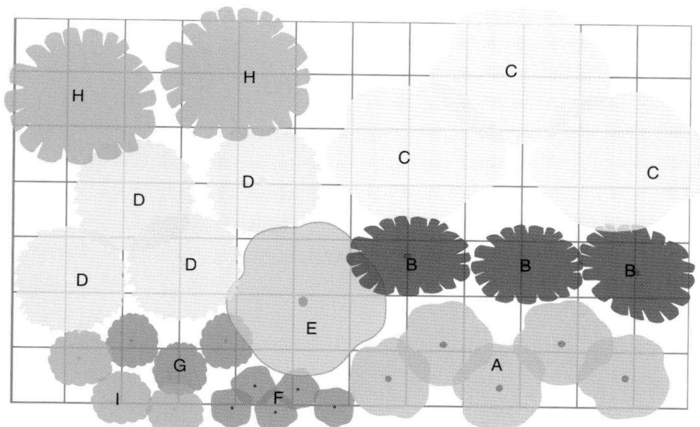

每个方格 = 30 厘米 × 30厘米

植物清单

A. 5株 蓝英花(*Browallia speciosa*)：适生区10–11，其余地区为一年生植物

B. 3株 深蓝鼠尾草(*Salvia guaranitica*)：适生区8–10，其余地区为一年生植物

C. 3株 滨藜叶分药花(*Perovskia atriplicifolia*)：适生区5–9

D. 4株 翠雀花。例如'天蓝魔法喷泉'翠雀花(*Delphinium* 'Magic Fountain Sky Blue')：适生区3–7

E. 1株 蓝珠草。例如'花叶'蓝珠草(*Brunnera macrophylla* 'Variegata')：适生区3–7

F. 5株 三色堇。例如'蓝色牛仔布'大花三色堇(*Viola × wittrockiana* 'Blue Denim')：适生区4–8

G. 3株 夏堇。例如'蓝色热浪'夏堇(*Torenia fournieri* 'Summer Wave Blue')：一年生植物

H. 2株 紫菀。例如'顶级天鹅绒'荷兰紫菀(*Aster novi-belgii* 'Royal Velvet')：适生区4–8

I. 1株 熊耳草(*Ageratum houstonianum*)：一年生植物

用什么来填满一个较大的空间？可以通过种植水甘草属植物和海滨刺芹来使蓝色花境在视觉上达到延展的效果。

水甘草属植物

滨海刺芹

Cheerful Yellow
绿衣黄里美花园

有什么颜色能比黄色更能体现幸福感？用这些阳光般的色彩来装扮花园，马上享受这个带给人们愉悦快乐而又精致美妙的植物组合吧。

黄色是彰显幸福的颜色。它能够激发人们的创造力，让人充满智慧和能量，唤起大家对美好生活的向往。总之，黄色就宛如一个能够点亮微笑的火花。

还有一点，黄色花园看上去更显优雅，或许是因为这种单色设计的花园看起来更整齐有规则。柔和的奶油色以及深邃而饱满的金色为花园增添了高贵典雅之气。

此示例花园简洁明快，特色鲜明，虽然仅种了若干株开黄色花朵的植物，但却亮丽无比，魅力无穷。花坛中种满了奶油黄色的萱草，金色的羽状鸡冠花，阳光黄色的百日草，淡黄色的木曼陀罗（此花具有令人惊奇的香味），还摆放了一个爬满翼叶山牵牛的铁架。可以先在室内播下翼叶山牵牛的种子进行育苗，也可直接购买幼苗种植。

如果想让花园在视觉上更富有冲击力，可以在四周种上一些彩叶植物。也可以搭配种植一些叶片为淡黄绿色的番薯或是带有黄绿色叶片的春季开黄色花朵的垫状大戟。

遵循此选定的阳光般的配色方案，整座花园均由喜阳植物组成，每天至少要保证它们接受6小时的日照。在略微缺少光照的地方萱草也可以健康生长，但是如果打算在荫蔽处采用这个设计方案，则应将示例中其他喜阳植物更换为乳白色落新妇，白色或黄色凤仙，黄色的球根秋海棠，以及金叶斑叶玉簪。

黄色的运用要点

探寻使用黄色系全系所有颜色。淡乳白色、亮日光黄、深金色，以及橙黄色，搭配在一起都会非常漂亮。

用黄色拓宽视觉空间。在狭小的空间可以采用这种黄色系的花园设计方案，这就如同给它们带来额外的光明。这种设计能让角落看上去更宽阔。

即使是天气炎热的季节，这些黄色花朵也能迸发活力，光芒四射。夏末，黄色和金色的花朵让花园朝气蓬勃。

淡黄色花朵能让月光留下。乳白色和淡黄色的花朵尤为吸引月光，夜晚在月光下其散发出由内及外的光芒。在晚间小坐休息的地方，可以种上一些开淡黄色花朵的植物。

省钱小窍门

替换为比较便宜的材料

熟铁支架和红砖步道为此处花坛增添了优雅高贵的氛围，但是这些材料价格较贵。为了节省费用，可以将支架换成木制尖架或木条格架，用碎木片或小卵石铺成步道。这些便宜的材料不仅外观漂亮，而且极易安装。

植物清单

A. 7株 黄色的百日菊。例如‘黄金巨人’百日菊(*Zinnia elegans* ‘Barry's Giant Golden Yellow’)：一年生植物

B. 1株 黄色的木曼陀罗(*Brugmansia* spp.)：适生区10–11，其余地区为一年生植物

C. 1株 翼叶山牵牛(*Thunbergia alata*)：适生区9–11，其余地区为一年生植物

D. 9株 黄色或金色的青葙。例如‘金色焰火’青葙(*Celosia* ‘Sparkler Yellow’)：一年生植物

E. 2株 黄色或金色的小型萱草。例如‘山巅之星’萱草(*Hemerocallis* ‘Stella d'Oro’)：适生区3–9

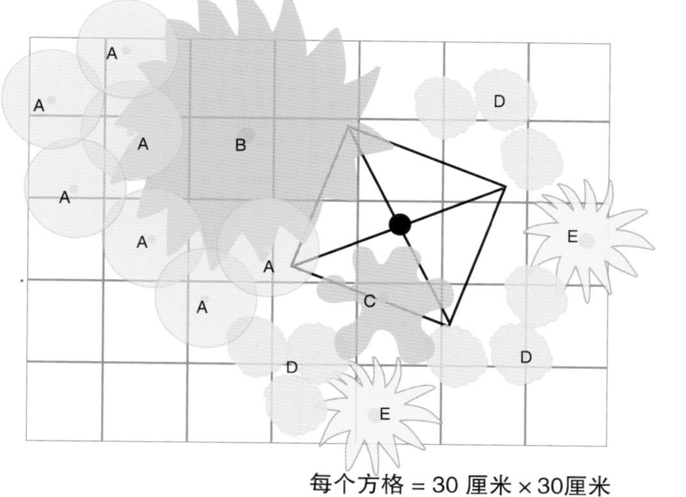

每个方格 = 30 厘米 × 30厘米

Wow'em with White
哇，居然是白色

白色花园是如此的洁净，纯正的色彩让花园在整个生长季都无比清新。

省时小窍门

如果想迅速填满较大的种植容器，例如示例中这个种满百万小铃的瓮形花盆，可以直接购买已经长成并种在吊篮花盆中的成品花，而不要购买株形较小的单独植物。移植时，剪掉吊篮盆上的塑料挂钩。轻轻地将植株从吊篮盆中连根取出，然后放入已经填好土的新的花盆中。根据需要用基质将根部覆盖好，并用手指向下压紧基质，再将土沿花盆四周填好，然后浇水。

几个世纪以来，园艺大师们一直对纯正的白色花园极为珍视，把它看作是朴素优雅花园的设计顶峰。

在花园设计中能够抑制经验丰富的园艺大师们水平发挥的也只有白色花朵了，因为想要运用好它们的确非常复杂。但是白色花园确实充满了魅力，清新洁净，洋溢着如孩童般的天真浪漫之情。它们看上去是如此的纯正干净。

无论是清晨披着露珠，还是在夜晚月光的照射下，白色花朵在外观上格外醒目。

奶油色和白色花朵的混合搭配非常简单。纯正单色的设计保证了颜色上的协调统一。设计中仅需考虑植物叶片形状和纹理的不同以及花朵的形状和尺寸的变化，这样可以让花园看上去不会过于单调乏味。

这个全日照的花园里种有花朵巨大的雪山滨菊、万寿菊，以及有髯鸢尾。瓮形花盆中种满了精致优雅的小花矮牵牛，成为此处美景的焦点，同时也为花园增添了一处景观小品。

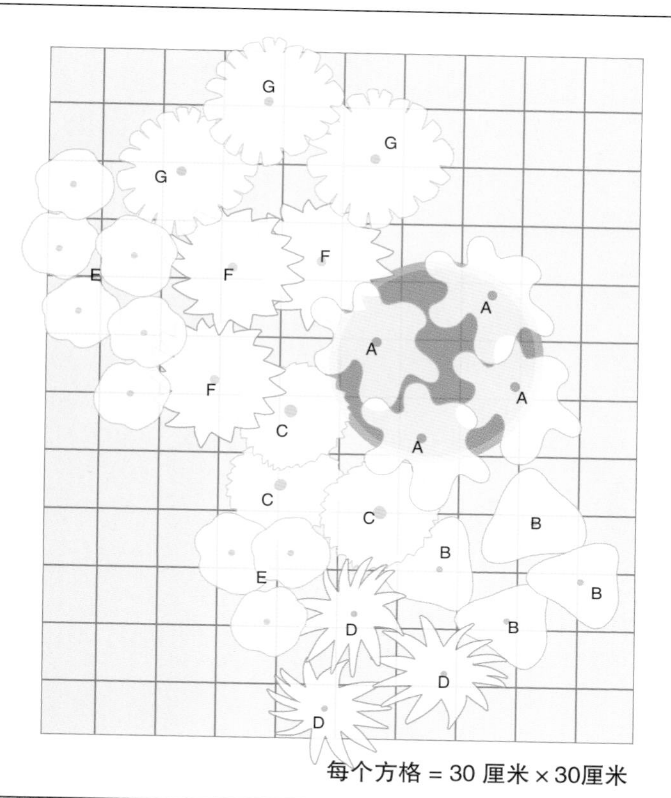

植物清单

A. 4株 白色的舞春花。例如‘超级白铃铛’舞春花(*Calibrachoa*‘Superbell White’)：一年生植物

B. 4株 白色的香堇菜(*Viola odorata*)：适生区8–9

C. 3株 白色的百日菊。例如‘白色小飞侠’百日菊(*Zinnia elegans*‘Peter Pan White’)：一年生植物

D. 3株 耐阳型的白色凤仙花。例如‘白重瓣’苏丹凤仙花(*Impatiens walleriana*‘Compact White’)：一年生植物

E. 9株 米黄色的万寿菊。例如‘法国香草’万寿菊(*Tagetes erecta*‘French Vanilla’)：一年生植物

F. 3株 白色的有髯鸢尾。例如‘不朽’鸢尾(*Iris*‘Immortality’)：适生区4–10

G. 3株 滨菊。例如‘贝琪’大滨菊(*Leucanthemum* × *superbum*‘Becky’)：适生区4–9

白色的运用要点

取得舒缓平静的效果。如果想在视觉上营造出舒缓柔和的效果，那么白色花园是理想的方案。

注意白色花朵的细节。白色花朵中往往夹杂有很多其他色系的颜色。例如白色的金鱼草，其花瓣的底部会略带有淡黄色。白色的蔓长春花通常带有标志性的亮粉色的花心。而白色的鼠尾草花瓣的一小部分略微发蓝。设计纯白色花园时要将这些不同的颜色牢记在脑海中。

用不同纹理结构、不同颜色的叶片衬托出白色花朵。在白色花园中灰色的叶片极为抢眼。带有斑纹的叶片将白色花园装点得更富有个性，例如玉簪、羊角芹，以及叶片上带有白色条纹的观赏草。

在荫蔽处种植开白色花朵的植物。白色是反光性极好的颜色，可以让阴暗的角落变得明亮无比。凤仙、块根秋海棠、四季秋海棠、绣球、荷包牡丹、鼠尾草、铃兰、杜鹃、萱草及花烟草，都是极好的喜阴的可以开白色花朵的植物。

细致彻底地摘掉已经凋谢的白色花朵。与其他颜色的花朵相比，白色花朵会凋谢得更快，变成褐色而不再美丽迷人。及时摘掉花头或剪掉开败的花枝，以保持花园整洁干净。

第四章

月季，月季，还是月季

月季之所以被称为花中女王是有原因的。它历史悠久，极富浪漫之情，华丽的花朵精致典雅，散发出令人着迷的芳香，将单朵月季花枝剪下后插入花瓶中令人赏心悦目。自古以来，园艺家们就被月季深深地吸引了。今天，园艺家们培育出了很多可供选择的月季栽培种，从易于种植的品种到抗病性极佳的品种，它们都非常迷人可爱。本章将带你走进完全由这些美丽动人的月季构成的激动人心的花园。

Love'em & Leave'em 爱它们，就留住它们

虽然月季花坛看上去很难打理，其实与由一年生植物组成的花园相比，其养护管理更容易。而且月季花园有一个好处就是这些花可以一年接一年地反复盛开。

在花园中阳光充足的地方"塞入"这个半圆形的花坛，车道旁或是园中的某个角落都可以。用这些极其让人省心的月季和多年生植物来建造花坛将会非常方便快捷。

你是第一次建造月季花坛吗？这个设计方案非常适于初学者。

此花坛由一些易于打理的月季组成，用柔毛羽衣草作为镶边植物，这种低矮型饰边植物与月季的搭配组合堪称经典。毫无疑问，柔毛羽衣草那漂亮的绿色叶片和淡黄绿色花朵几乎可以与任何类型的月季搭配在一起。

花坛的后部种植了一株藤本月季'崭新黎明'（'New Dawn'），这个品种耐寒性极强，非常强壮。'崭新黎明'作为花坛垂直层面的景观元素，与任何背景相搭配都显得非常协调。如图所示，可以引导它攀爬到露台上，也可以让其沿着围栏或树篱攀爬（可以搭一个格架作为植株攀爬的支撑物）。

示例花坛中其他的月季均为当今最易养护的品种，其中很多在晚春即可进入盛花期，直至霜冻期开始仍可少量开花。这个花坛将月季运用得恰到好处，当然也可以用当地园艺店可以买到的易于养护的月季品种进行替换。将各色月季，如红色、粉色和白色混种在一起效果非常棒，当然也可以单独种一种。

确保种满月季的花坛位于能够接受到全日照的地方，至少应保证能够接收8小时的直射光，即未过滤的光线。每年开春应在花坛中撒布一些颗粒缓释肥，每年一次，并铺设3～6厘米厚的优质覆盖物。除了这些，月季花坛几乎不需要什么额外地养护。

‘喜极’

超级植物巨星

树状月季

本示例花园或其他月季花园的示例中，通常会建议种植树状月季。树状月季是花园景观中非常可爱迷人的植物元素，但是如果在适生区6或更冷的地区种植，则需要在冬季进行额外的保护工作。很多园艺师所采取的措施是：每年冬季，将植株挖起来一部分，然后把它们倾斜地放倒在挖好的沟内，然后用土覆盖好，以保护它们度过寒冷的冬季。

这么做的原因是由于很多树状月季都是嫁接到砧木上的，而砧木本身比较柔弱，极易在冬季的严寒中被冻死。

月季‘喜极’（‘Polar Joy’）是一个极耐寒的品种，因为它的树形不是靠嫁接法形成的。这就意味着它可以在适生区4以及4以上的更温暖的地区顺利越冬，而不需要采取额外的保护措施。它的粉色花朵直径可达6厘米。整个植株可长到50～185厘米高，可以根据需要把它修剪得更矮一些。

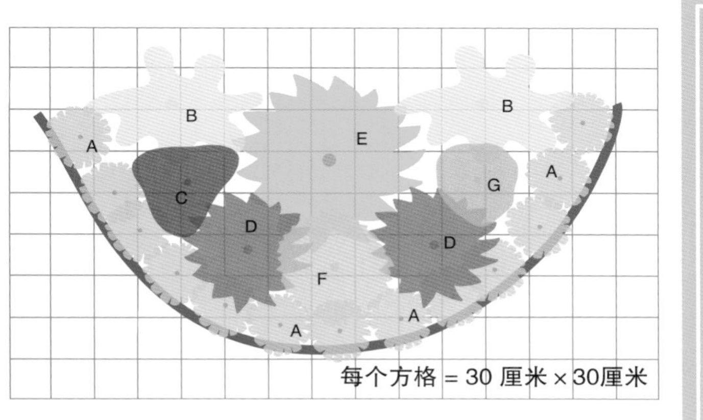

植物清单

A. 13株 柔毛羽衣草(*Alchemilla mollis*)：适生区4–8

B. 2株 浅粉色的藤本月季。例如‘新新黎明’月季(*Rosa*‘New Dawn’)：适生区5–9

C. 1株 红色的灌木月季。例如‘塞维拉娜’月季(*Rosa*‘La Sevillana’)：适生区4–10

D. 2株 红色的灌木月季。例如‘深刻印象’月季(*Rosa*‘Knock Out’)：适生区4–10

E. 1株 深粉色的灌木月季*。例如‘威廉·巴芬’月季(*Rosa*‘William Baffin’)：适生区3–8

F. 1株 浅粉色的灌木月季。例如‘仙女’月季(*Rosa*‘The Fairy’)：适生区4–9

G. 1株 杏粉色的灌木月季。例如‘珀迪塔’月季(*Rosa*‘Perdita’)：适生区4–9

*也可为藤本月季

An Easy Arbor Planting
门廊花园，轻松搞定

多年生植物和月季的完美组合，确保任何形式的门廊都魅力无限。

门廊两侧种植了藤本月季，设计师在此基础上进行延展，加入一些易于养护管理的多年生植物，一座简洁、优雅的月季花园跃然呈现。

这个景观计划仅需几小时就可以完美实现，但它可以年复一年地向人们展示着它的精彩美妙。

一株经典的藤本月季‘崭新黎明’（‘New Dawn’）在门廊间嬉戏着。它能长到6米（应在春季进行修剪以保证植株不疯长），可爱迷人的淡粉色花朵直径可达8厘米，且略带香味。门廊的底部种植了一棵经典的灌木月季‘芭蕾演员’（‘Ballerina’），这种花量极大的开花灌木用它那盛开的粉色花朵将整个门廊团团围住。‘芭蕾演员’的株高和冠幅可达150厘米，如果在早春进行适度的修剪可以将株高控制得更矮一些。

绣球‘安娜贝尔’（‘Annabelle’）的株高和冠幅几乎与月季‘芭蕾演员’相同。它那大团的圆锥形花朵与‘芭蕾演员’那一簇簇粉色花团交相辉映。仲夏时节奶白色的绣球花会持续盛开。

另外，在这座拥有漂亮迷人的门廊的花园中，大型植物的四周种植了一些低矮的多年生植物，这样在整个生长季中花园都能炫丽缤纷。

植物清单

A. 2株 藤本月季。例如‘崭新黎明’月季(*Rosa*‘New Dawn’)：适生区5–9

B. 1株 ‘芭蕾演员’月季(*Rosa*‘Ballerina’)：适生区5–9

C. 8株 加拿大美女樱(*Glandularia canadensis*)：适生区4–8

D. 3株 石竹(Dianthusspp.)：适生区3–10

E. 1株 ‘安娜贝尔’树状绣球(*Hydrangea arborescens*‘Annabelle’)：适生区4–9

F. 3株 毛地黄(*Digitalis purpurea*)：适生区4–8

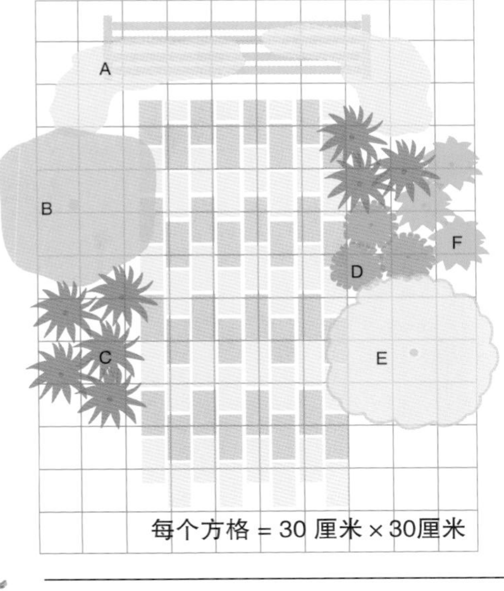

花园大智“汇”

月季的种植时间

一年中应该在什么时间种植月季？不同地区，不同品种的栽培时间各不相同。

一个大致的规律是：盆栽月季的种植时间没有特定要求，除了出现极端温度的时间段。也就是说应避开坚冻期（温度低于–3℃）或极高温期（温度在32℃以上）。这意味着在大多数地区盆栽月季的种植时间可以从早春一直到秋末。在较暖和的地区从秋季到晚冬都可以种植。

裸根月季的种植窗口期就比较有限了。它们需要温度和湿度条件都适宜时才可以种植。春季，当其他植物的叶片开始萌发时就可以种植裸根月季了，但白天温度已经大幅升高时就不能种了。在美国南部四分之一的地区，秋季和冬季也可以种植。

在适生区6以及更冷的地区，最好不要在秋季种植盆栽月季。因为它们往往在冬季严寒到来前还没有足够的时间茁壮成长，死亡率会更高。

Combine Climbers & Clematis 攀缘能手和铁线莲的完美组合

它们是完美的一对：藤本月季和充满活力的铁线莲。它们缠绕在一起，开花，交相辉映，长势当然也越来越旺盛。

就像喝香槟酒要搭配草莓一样，藤本月季和铁线莲这对经典而优雅的组合是经得起时间考验的。几个世纪以来，园艺家一直在欣赏和享受着它们在一起生长、开花。

藤本月季属蔓生木本植物，需要借助支撑而蔓延生长。另一方面，铁线莲更为灵活，它那柔韧的枝条也需要借助支撑物攀爬。紧握月季的枝条，铁线莲向着蓝天攀爬。但是与其他一些易疯长的藤类植物不同，铁线莲的生长更稳健而适度，不会抑制月季的生长。相反，大多数品种的铁线莲由于叶片稀疏从而能够保证月季得到更多的日照，茁壮成长。

某些藤本月季和铁线莲的花期相同。如果采用对比色搭配种植，例如一株粉色的月季和一株紫色的铁线莲，或是一株红色的月季和一株白色的铁线莲，那么效果将极为震撼。另外，藤本月季和铁线莲种在一起还可以延长花朵观赏期。例如，将一株夏初开花的藤本月季与一株夏末开花的铁线莲种植在一起，那么从月季初花到铁线莲开花，可以接连有好几周的时间都够能享受到美丽的花儿。

在本示例花坛中，能够反复开花的藤本月季‘崭新黎明’（‘New Dawn’）与深紫色的铁线莲‘杰克曼’（‘Jackmanii’）一起将步道尽头的经典白色门廊和尖桩栅栏装饰得美丽迷人。步道两侧种植了一些易于养护的紫叶小檗、平铺圆柏和淡粉色的月季‘仙女’（‘The Fairy’），这些植物的栽培都非常简单容易。

植物清单

A. 2株 柏树。例如‘巴哈伯’平枝圆柏(*Juniperus horizontalis*‘Bar Harbor’)：适生区5–9

B. 4株 ‘深紫’日本小檗(*Berberis thunbergii*‘Atropurpurea’)：适生区5–8

C. 4株 ‘仙女’月季(*Rosa*‘The Fairy’)：适生区5–8

D. 2株 藤本月季。例如‘崭新黎明’月季(*Rosa*‘New Dawn’)：适生区5–9

E. 1株 灌木月季。例如‘风采连连看’月季(*Rosa*‘Constance Spry’)：适生区5–9

F. 2株 ‘杰克曼’铁线莲(*Clematis*‘Jackmanii’)：适生区4–8

‘New Dawn’（‘崭新黎明’）月季和‘Jackmanii’（‘杰克曼’）铁线莲

设计要点

铁线莲和月季的搭配种植

最重要是应选择株形大小适宜的铁线莲，既不能把月季淹没也不能被月季压倒。

蔓生月季的枝条可伸展至12米，可以和能长到6米的圆锥铁线莲种植在一起，长势会非常棒。

大多数的藤本月季株形大小通常为3～6米，可以选择大花型的铁线莲与它们搭配，这类铁线莲的株高大多数不会超过3～4.5米。

可以用灌木月季和小花型的铁线莲搭配在一起，例如杜兰单叶铁线莲(*Clematis×durandii*)、阿尔卑斯铁线莲(*Clematis alpine*)或是葡萄叶铁线莲(*Clematis viticella*)，它们的攀爬高度都不会超过120～150厘米。

Roses along A Path 沿步道的月季花园

A Rosy Outlook 如画的月季美景

沿着步道两侧种上各色月季，然后用黄杨作为边栏，享誉盛名的月季在绿叶围成的如波浪般的绿色彩带上尽情地舞动着。

此处景致颇为优雅：弯弯曲曲的步道两侧种满了月季和黄杨。这个设计方案适用于任何能够享受到阳光的步道。

示例中并排种植的主要是杂交茶香月季。这组茶香月季的组合，其花朵颜色丰富多彩，整体景观炫丽夺目。

月季花园中种植杂交茶香月季可谓是时髦而明智的选择，因为它的花枝可以被剪下放到室内用来插花。剪下的越多，它就开得越多。因为任何植物生存的最终目标都是结籽和繁殖。随着不断地剪掉花枝，无论是作插花用，还是剪去凋谢的花头，植株试图结籽的目标都被击破了。这就促使植株再次开花，而且要开更多的花，以提高结籽的机率。此处门前步道两侧的月季应选用易于养护的景观月季。为了保证花园中的植物耐寒性更强，管理工作更简单，可以种植一排深刻印象系列或花毯系列或轻雅系列，这些品种的月季都具有非常强的耐寒性和抗病性。而且它们对修剪的要求极低。

古董月季的发烧友想在此设计中应用一些古老月季，或是想把设计方案稍加改动，做成主题色彩花园，例如全部使用红色月季或完全纯正的白色月季。

植物清单

A. 25株 黄杨。例如‘绿宝石’黄杨(*Buxus* ‘Green Gem’)：适生区5–9

B. 2株 ‘悠然惊喜’月季(*Rosa* ‘Carefree Wonder’)：适生区5–9

C. 1株 ‘金质奖章’月季(*Rosa* ‘Gold Medal’)：适生区5–9

D. 1株 ‘香水乐趣’月季(*Rosa* ‘Perfume Delight’)：适生区5–9

E. 1株 ‘伊丽莎白女王’月季(*Rosa* ‘Queen Elizabeth’)：适生区5–9

F. 1株 ‘王室’月季(*Rosa* ‘Royal Highness’)：适生区5–9

G. 1株 ‘里约桑巴’月季(*Rosa* ‘Rio Samba’)：适生区5–9

H. 2株 藤本月季。例如‘火焰’月季(*Rosa*‘Blaze’)：适生区5–9

I. 1株 ‘林肯先生’月季(*Rosa* ‘Mister Lincoln’)：适生区5–9

J. 1株 ‘日光’月季(*Rosa* ‘Sunbright’)：适生区5–9

K. 1株 ‘迷人蕾西’月季(*Rosa* ‘Sexy Rexy’)：适生区5–9

L. 1株 ‘花花公子’月季(*Rosa* ‘Playboy’)：适生区5–9

M. 1株 ‘约翰·F·肯尼迪’月季(*Rosa* ‘John F. Kennedy’)：适生区5–9

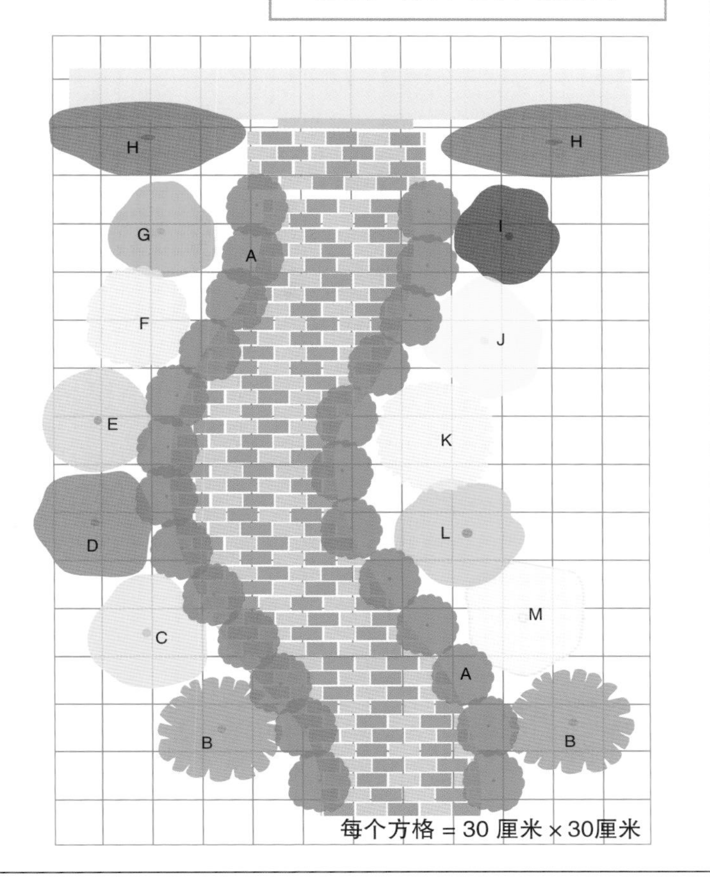

设计要点

了解杂交茶香月季

多年来，杂交茶香月季一直深受月季鉴赏家以及园艺师的钟爱，他们都愿意栽培这种月季以展现出它们那美丽的身姿。

他们偏爱那种花苞形状为经典的花瓶形，绽放后花瓣非常多的品种。他们尽量将花枝培育得更长，这样更便于剪下来作插花。

杂交茶香月季的花期从夏初到秋季，且花朵带有沁人的芳香。杂交茶香月季的花色非常丰富，还有复色的。

第五章

乡村花园

乡村花园与坐落在其中的村舍同样呈现出古朴老旧的风情，但是它们永不过时。

乡村花园到底由哪些元素构成？答案或许千差万别。最普遍的认为是花园整体景致低调朴素，植物葱郁繁茂，生机勃发，随意生长在一起，有时也会种植一些可食用植物。

乡村花园最令人感兴趣的是建造时可以随意在花园中添加一些元素。设置一个仅供一季观赏的小型花坛或花境，然后根据时间和预算情况，进行扩展或额外再增加一些景观花坛。不拘泥于一定之规，随性而为，用几乎毫无计划性的工作来打造出一座绚丽多彩的乡村花园。

Plant Along a Walk
步道景观

步道两侧落入眼帘的是那一丛丛令人赏心悦目的多年生植物。

这些愉快盛开的花儿都非常节水，而且可以年年盛开。沿着步道让我们去感受一段快乐而美好的旅行吧！

经典的乡村花园设计中任何地方都不会拘泥于一定之规。步道很少有笔直的，植物们也几乎不会被成排地种植在一起或被组合成一些几何形状。相反，在乡村花园中，很多种不同植物混杂在一起，它们快乐地生长着，其中不会有任何植物排成一条直线。

此设计非常适合阳光充足的地方。步道的一侧是低矮的景天属地被植物（为了简单一些也可以直接在步道的一侧铺草坪），仿佛一片长长的、弯曲起伏的绿色海洋。而步道的另一侧，大量多年生植物和灌木毫无规则地种植在一起，建造时不必遵循规则，除了应保证将高大的植株种植在靠后的位置，并确保在植株色彩或株形上能够产生对比反差的效果。

为了保持花园的乡村气息，某些植物，例如柔毛羽衣草需要补播在石板间的缝隙中。而景天属植物的枝条则会自然伸展至这些缝隙中。

种植方案中不必专门设计石板缝隙中需要种什么，根据经验将香雪球（一年生植物）或是多年生的香草植物，如亚洲百里香（柠檬百里香）或薄荷填满花园，只要有空隙的地方，这些植物都会爬满。看着这些植物在如此狭小的空间里，在几乎没有土壤和水分的地方也能生长，心中是多么愉悦。

如果打算补播，不妨待花朵成熟结籽后直接用植物所结的籽播下。如果不需要太多的种子，待花朵凋谢后应迅速将花头剪掉。早春进行补播时，可将新长出的不喜欢的植物移除，将心仪的植物移到适宜的位置即可。

总的来说，示例中的这座花园耐旱性极好。可以将百里香替换掉，或是用其他的景天属植物将这组植物中唯一的需水量较大的植物——柔毛羽衣草替换掉，这样就拥有一座完美的耐旱植物花园了。

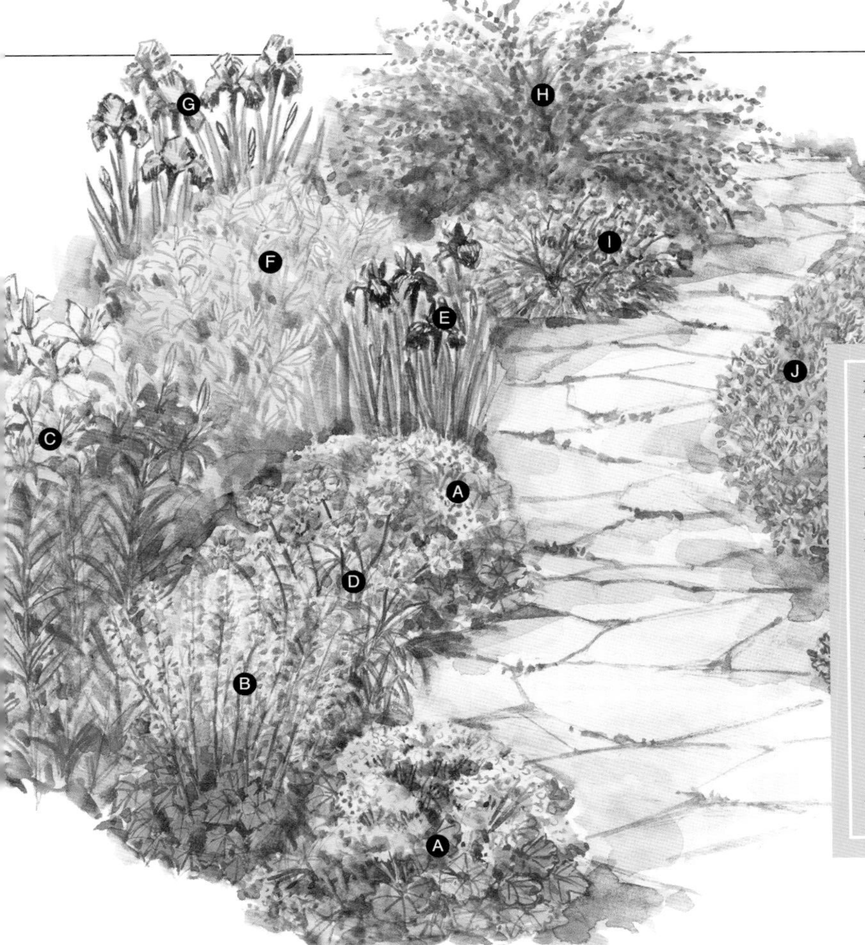

植物清单

A. 3株 柔毛羽衣草(*Alchemilla mollis*)：适生区4–7

B. 1株 矾根。例如‘香槟气泡’矾根(*Heuchera* ‘Champagne Bubbles’)：适生区4–9

C. 3株亚洲百合(*Lilium hybrids*)：适生区3–8

D. 1株 蓝盆花。例如‘蓝蝴蝶’飞鸽蓝盆花(*Scabiosa columbaria* ‘Butterfly Blue’)：适生区3–8

E. 3株 西伯利亚鸢尾(*Iris sibirica*)：适生区3–9

F. 1株 绣线菊。例如‘金丘’粉花绣线菊(*Spiraea japonica* ‘Gold Mound’)：适生区4–9

G. 3株 德国鸢尾(*Iris germanica*)：适生区3–9

H. 1株 日本小檗(*Berberis thunbergii*)：适生区5–8

I. 3株 海石竹(*Armeria maritima*)：适生区3–9

J. 8株 勘察加景天(*Sedum kamtschaticum*)：适生区4–9

H
G
I
F
J
E
C
A
D
B
C
A
C

每个方格 = 30 厘米 × 30厘米

设计要点

什么是乡村花园？

乡村花园应具有以下特点：

种植随意。大多数乡村花园看上去比较杂乱——植物种植比较随意，多为不拘一格地混种。将卷心菜与月季种在一起，在灌木旁边塞上一些一年生植物——混种和搭配几乎毫无规则。

易于管理。乡村花园的设计灵感来源于农民的菜园，所以不会出现昂贵的、稀有的、难打理的植物，多用一些当地常见的、易于生长的植物。如果朋友和邻居能够从他们的花园中分株给你当然再好不过了，因为这类植物与低调的乡村花园才相配。

植物丰富。乡村花园苍翠繁茂，植物尽情地生长在一起。只要符合一般性的种植常识、能够混种的植物，都可以种在一起，而不用考虑布置得是否平等均匀。（小常识：像示例中的这种集中种植要求土壤质量较高。在种植时应尽可能地多添加堆肥，以后每年都要在土壤中添入一定量的堆肥。）

通常为非对称的。规则式的花园设计，要求线条笔直，具有一定的几何造型，并遵循严格的对称规则。而在乡村花园中，几乎看不到这些规则，朴素自然是一座乡村花园成功的不二法则。

Make a Curbside Bloom
路边的花儿也精彩

大范围地选用长势强健的多年生植物将路边转角处装扮得柔美亮丽。

各色植物组成的花海将宽阔而呈半圆形的路边转角处包围起来。此方案也可以用于步道和主路中间的狭长隔离带中。

自己的花园看上去同其他正在出售的房屋花园是如此相像，这是否已令你心生厌烦？看看示例中的花园设计方案，它将易于种植管理的多年生植物全部纳入花园中，在阳光充足的花园里它们枝繁叶茂，整个花园繁花似锦。

荆介属、垫状大戟，景天属和糖芥属的植物几乎不需要太多的照料就可以开花，花期一次可长达数周。在这些低矮的花丛中，耸立着一些多年生植物，如大花葱、毛地黄，仿佛长长的大惊叹号一样为花园增添了垂直层面的美丽景观。

这处路边花坛位于的区域内没有公共步道，所以宽度可以根据屋主的需要而定。如果该区域内包括公共步道，可以将花坛的末端设在步道的起点——更好的方案是跨过步道一直将花坛延伸至路边，这样的景观看上去会更令人震撼（如果当地的法律允许这么建造）。

采用此设计方案的最大的益处是可以将草坪的使用面积缩减到最小。与这种植物组合相比，草坪需水量更大，而且需要大量施肥并做好杂草控制工作。花园的建造和养护本就是一项成败各半的工作，所以花费大量的时间去照顾它们对大多数屋主来说不太划算，而且与一周接一周简单乏味的草坪修剪工作相比，大多数屋主都会觉得照看花儿会更富有情趣。关键还有一点，就是你的邻居会非常喜欢它们。

植物清单

A. 7株 垫状大戟(*Euphorbia epithymoides*)：适生区4–8

B. 2株 景天。例如‘秋悦’长药景天(*Sedum spectabile*‘Autumn Joy’)：适生区3–10

C. 6株 鬼罂粟（东方罂粟）(*Papaver orientale*)：适生区4–9

D. 6株 耧斗菜(*Aquilegia* spp.)：适生区3–9

E. 5株 大花葱。例如‘环球霸王’大花葱(*Allium giganteum*‘Globemaster’)：适生区4–9

F. 2株 荆芥。例如‘六巨山’荆芥(*Nepeta*‘Six Hill's Giant’)或‘漫步者’荆芥(*Nepeta*‘Walker'sLow’)：适生区4–8

G. 3株 毛地黄(*Digitalis purpurea*)：适生区4–8

H. 9株 糖芥。例如‘鲍尔斯紫’糖芥(*Erysimum*‘Bowles Mauve’)：适生区6–10

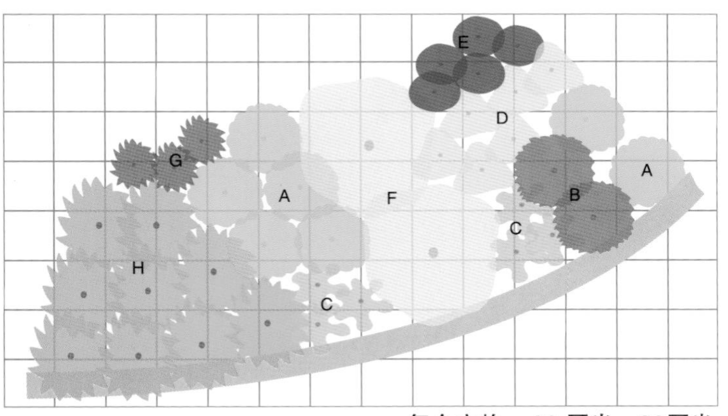

每个方格 = 30 厘米 × 30厘米

这处花坛由多年生植物组成了一长列。如果你的预算不足以建造如此大的花坛，可以仅种植其前半部，即正对街道的半边。两三年以后，这些多年生植物已经完全长成，可以将它们进行分株后再种一些至另外半部分中。

花园大智“汇”

成功建造路边花坛的要点

查阅当地的管理条例。或许当地有一些高度等方面的种植限制。很多地方都限定了花坛中植物的高度。

考虑植物的耐盐碱性。在气候较寒冷的地区，由于道路结冰后需要洒盐水来融化，这就会导致路边花坛中的植物被浸泡在盐水中。所以在植物的选择上应选择耐盐碱的植物。

选择需水量少的植物。尽可能地选择种植需水量少的植物。如果安装灌溉系统，会省很多事。否则，就不得不从房屋出发，手持长长的水管一直走着来浇灌路边的花坛了。

考虑植株叶片的美丽形态。选择一些叶片和花朵同样漂亮迷人的植物。路边花坛需要一年四季都景色如画，而且路人往往会驻足低头仔细观赏。所以这些植物们需要一直保持着美丽的身姿。

靠色彩来取胜。很多时候路过的人们是坐在汽车中来欣赏路边花坛的。富有冲击力的色彩往往能夺人眼球，即使是坐在车速为每小时30千米的汽车里。

避免土壤高出花坛边沿。保持花坛中土壤的水平面不要高过步道和街道。否则土壤以及花坛中的覆盖物会被水冲到步道上面，而且水也会流到步道上。这点非常棘手，因为花坛需要复耕和添加土壤改良物，这势必会造成花坛中的土壤体积不断增加。可以做好准备将一部分土壤从花坛中移出，放到花园中某个需要的地方，或是在花坛四周垒上一圈围档以便将土壤围住。

A Beautiful Mix
混搭也出色

高度、形状、纹理以及颜色均对比鲜明，对任何花坛来说这都是关键。这个示例花坛完全遵循了这个原则。

一个景色迷人的花坛绝不是偶然所得，遵循一些设计的基本准则才能够让花儿们混合搭配在一起更为优雅迷人。

示例花坛中，高大的植物耸立在后面，而低矮的植物在前面蔓延伸展着。草坪的边缘呈优美的弧线形，尖尖的呈针状的植物高高矗立在那里，而大团球状的花朵更是让花坛充满了趣味性。

其实，将一个优秀的花坛设计付诸实现并不困难。下面就介绍一下简易的建造步骤：

保证花坛足够大。无论是花坛还是花境，在设计时要保证纵深足够大，这样可以确保各种形状和高度的植物都能健康生长。这意味着对于大多数花坛和花境来说，至少应保持纵深在90厘米，但是如果将花坛设计为纵深180～275厘米，也不用过于担心。（可以沿花坛的后面铺设一条狭长的步道，并做好路面覆盖处理，这样就可以轻松地照看打理花园了。）

将高大的植物放置在花坛后部。供植物攀爬的格架或栅栏以及高达90厘米或更高的植物应放在花坛后部，就像照相时高个头的孩子站在后排一样。如果花坛呈岛形，那么这些高个头的植物则应放置在中央。

将低矮的植物安置在花坛前部。将攀爬高度或枝条伸展高度不超过30厘米的植物精心放置在花坛前部。一年生植物、多年生植物或是一些小型的观赏草均可。

寻找适宜放置在中部的植物。通常株高在30～90厘米的植物适于放置在花坛的中部。

考虑植物叶片的形态和色彩。用不同颜色、不同形状、不同尺寸以及不同纹理的叶片来建造一个观叶植物的组合。如果选择的叶片适宜得当，那么在非花期时整个花坛也会耀眼迷人。

有关栽培区域的注意事项

如果刺苞菜蓟（洋蓟）并不能耐受你所在地区的最低温度，可以用4株紫色的醉蝶花来替代。它们为一年生植物，可以一直持续生长到霜冻开始，无论是花形还是株形都趣味十足，而且价格非常低廉。

植物清单

A. 1株 芒草。例如‘极细’芒(*Miscanthus sinensis* ‘Gracillimus’)：适生区4–9

B. 8株 大花葱(*Allium giganteum*)：适生区5–10

C. 1株 矾根(*Heuchera* spp.)：适生区3–10，依种类而定

D. 1株 锦熟黄杨。例如‘冬青’锦熟黄杨(*Buxus sempervirens* ‘Wintergreen’)：适生区5–8

E. 6株 加勒比飞蓬(*Erigeron karvinskianus*)：适生区5–7

F. 3株 飞鸽蓝盆花(*Scabiosa columbaria*)：适生区4–9

G. 1株 绵毛水苏(*Stachys byzantina*)：适生区4–8

H. 1株 ‘紫叶’大车前(*Plantago major* ‘Rubrifolia’)：一年生植物

I. 2株 蓝羊茅。例如‘伊利亚蓝’羊茅(*Festuca glauca* ‘ElijahBlue’)：适生区4–8

J. 3株 刺芹(*Eryngium* spp.)：适生区4–9

K. 5株 玫红色的杂交马鞭草(*Verbena × hybrida*)：一年生植物

L. 3株 大波斯菊(*Cosmos bipinnatus*)：一年生植物

M. 1株 大滨菊(*Leucanthemum × superbum*)：适生区5–8

N. 1株 老鹳草(*Geranium* spp.)：适生区5–9

O. 3株 石竹。例如‘巴斯粉’石竹(*Dianthus* ‘Bath's Pink’)：适生区4–9

P. 1株 大花铁线莲品种(*Clematis hybrids*)：适生区4–9

Q. 1株 矮生型的景天。例如团扇景天(*Sedum sieboldii*)：适生区6–9

R. 3株 炮仗寒丁子(*Bouvardia ternifolia*)：一年生植物

S. 1株 蓝花赝靛(*Baptisia australis*)：适生区3–9

T. 1株 偏翅唐松草(*Thalictrum delavayi*)：适生区5–9

U. 12株 鸢尾(*Iris hybrids*)：适生区5–9

V. 4株 骨子菊（蓝目菊）。例如‘内罗毕紫’愉悦骨子菊(*Osteospermum jucundum* ‘Nairobi Purple’)：一年生植物

W. 1株 锦绣苋（红莲子草）(Alternanthera bettzickiana)：一年生植物

X. 1株 刺苞菜蓟（洋蓟）(Cynara cardunculus)：适生区7–9

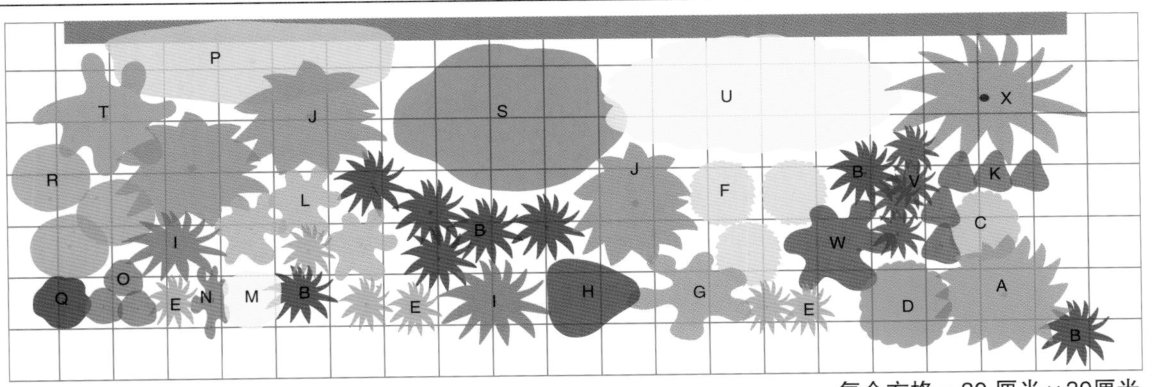

每个方格＝30 厘米×30厘米

Marathon Bloomers
花儿的马拉松

一座自然休闲的乡村花园，通过巧妙地安排，五彩斑斓的花儿在园中持续绽放。

在5月份可以很轻松地拥有一座美丽的花园。比较严峻的挑战是能否将花园的美景持续到8月份。这个设计方案通过巧妙的植物组合，能够让花儿交替不断地开放，持续数月之久，完美地解决了景观持续性的问题。

如果原来那些花儿绽放时间很短，那么采用这个方案后则可以保持花开不断，甚至是在夏季最炎热的时候也可以欣赏到美丽的花儿。

观赏草——芒草姿态优雅，从春季它们破土而出时就拥有妩媚动人的身姿。夏季的细叶芒看上去清新而富有活力，随后它们会顶着美丽的种子而步入夏末和初秋。冬季，细叶芒的叶片依然挺立在花园中，在冰雪中仍可欣赏到它们那浅黄色叶片构成的美景。

示例花园中种了一些热带植物，它们原本生长在极其炎热而潮湿的地方。如果花园所在地区在8月份即进入桑拿天，那么这些植物可就高兴得不得了了。美人蕉、一串红、长春花以及金光菊在炎热潮湿的天气下都能茁壮成长。（由于覆盖物有助于保持湿度，所以种植这些植物时都需要铺设一层覆盖物）

春季高大的有髯鸢尾为花园增添了一抹色彩。百日草是非常棒的植物，养护管理非常简单。如果喜欢，可以直接将它的种子播在花园中，很容易就长大了！

植物清单

A. 9株 一串红(*Salvia splendens*)：一年生植物

B. 2株大型的鸢尾(*Iris hybrids*)：适生区3–9，依种类而定

C. 2株 美人蕉。例如‘热带’美人蕉(*Canna* ‘Tropicana’)：适生区8–11，其余地区为一年生植物

D. 7株 长春花(*Catharanthus roseus*)：适生区9–11，其余地区为一年生植物

E. 9株 大型的百日菊(*Zinnia elegans*)：一年生植物

F. 3株 观赏草。例如‘晨光’芒(*Miscanthus sinensis* ‘Morning Light’)：适生区4–9

G. 4株 黑心金光菊(*Rudbeckia hirta*)：适生区4–9

H. 6株 黄帝菊(*Melampodium paludosum*)：一年生植物

花园大智“汇”

让色彩停留更长时间

从这里学习如何让花期持续更长的相关知识，然后运用到你的花园中吧：

每日摘去凋谢的花头。摘掉凋谢的花头以促进植株持续开花。

添加球根植物。为了让花园色彩更丰富，秋季时，可以在植物丛中塞入一打或更多的水仙种球，这样来年开春就可以看到更多的花了。

尽早修剪。春天，对一些高大的植物可以将其修剪掉三分之一，这样到秋季都可以开花，例如紫菀和赛菊芋。它们可以迅速恢复生长而且会长得更强壮，一旦等它们已经长到成年的高度再去修剪就失去意义了。

摘心。在7月4日前掐掉新长出来的嫩芽以促进植株长得更矮小壮实，到秋季就可以花开满枝了。

注意植株根基。定期浇水，避免植物萎蔫。定期施用促进开花的肥料。

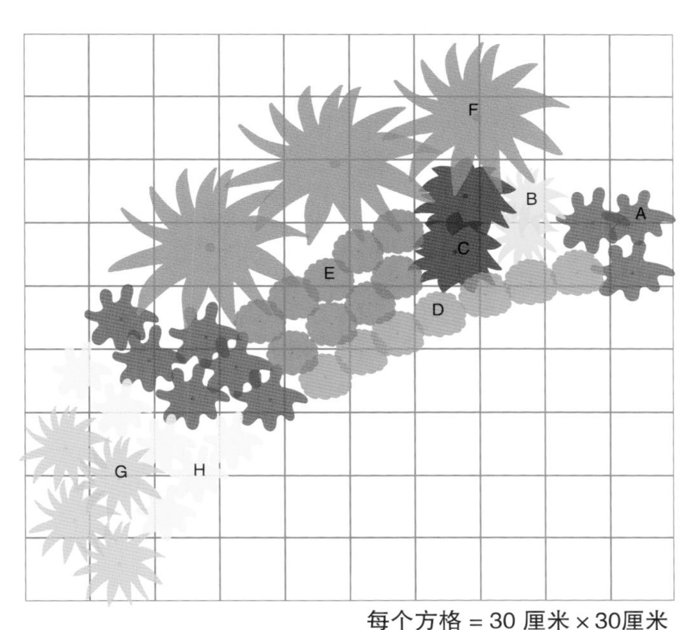

每个方格 = 30 厘米 × 30厘米

Collect Pass–Along Plants
生命不息，繁殖不止

创建一座多年生植物和香草植物花园，与家人和朋友共享。

那些生生不息的、能够传承下去的植物不仅节约了花园的开支，而且能够保留对邻居、园艺好友以及所珍爱的家人等其他所爱之人的美好记忆。每一株植物都是一段美好的回忆。

花园生活的最基本原则就是分享植物。所以为什么不利用这个可爱的传统，完全用从其他朋友那里获得的植物来建造花园呢?

示例花园的焦点是正对日晷仪的木制长凳和凉亭。（提示：所有这些用品都是生日或节日时获赠的礼物，如母亲节或父亲节等。）

用从其他花园中搜集到的植物——芍药、萱草、老鹳草、荆芥或雏菊将这些焦点元素包围。通常种植者天生就是极慷慨之人，非常愿意与他人一起分享这些美丽的植物。

花园中的植物是如此的苍翠繁茂，你会看到路边被装扮得多姿多彩，有时候它们仿佛在说："欢迎回到自由舒适的家。"

所以，如果你发现朋友那里有一株你喜欢的植物，可以有礼貌地请他分给你一株，有时也可以用更适宜的植物和他进行交换。但是，这些都不如端上一盘新鲜出炉的烤甜饼送给朋友，这个会更受欢迎。

这是一个大方而随意的设计方案。种植者可以随意自由地进行植物组合搭配。但需要注意的是在使用这些植物设计花园时，应将它们按颜色分组种植。这样可以避免花园看上去过于杂乱无章，仿佛拼凑而成。

植物清单

A. 1株 葡萄。例如‘和睦’葡萄(*Vitis*‘Concord’)：适生区4–9

B. 1株 灌木月季。例如‘风采连连看’月季(*Rosa*‘Constance Spry’)：适生区5–9

C. 3株 乌头(*Aconitum* spp.)：适生区3–7

D. 12株 混色的萱草(*Hemerocallis hybrids*)：适生区3–10

E. 4株 混色的芍药(*Paeoniahybrids*)：适生区3–9

F. 2株 矮生型的黄杨(*Buxus* spp.)：适生区5–9，依种类而定

G. 10株 鸢尾。包括德国鸢尾(有髯鸢尾系)和西伯利亚鸢尾(无髯鸢尾系)：适生区3–9

H. 1株 耐寒型老鹳草。例如‘约翰逊蓝’老鹳草(*Geranium*‘Johnson's Blue’)：适生区4–8

I. 3株 粉色的耐寒型老鹳草。例如‘芭蕾演员’老鹳草(*Geranium*‘Ballerina’)：适生区4–8

J. 9株 滨岸草莓(*Fragaria chiloensis*)：适生区4–7

K. 1株 药用鼠尾草(*Salvia officinalis*)：适生区5–8

L. 6株 滨菊(*Leucanthemum vulgare*)：适生区4–7

M. 6株 矾根(*Heuchera* spp.)：适生区4–9

N. 10株 柔毛羽衣草(*Alchemilla mollis*)：适生区4–7

O. 2株 蓍草(*Achillea* spp.)：适生区4–8

P. 2株 石竹。例如‘巴斯粉’石竹(*Dianthus*‘Bath's Pink’)：适生区4–9

Q. 1株 红花路边青（红花水杨梅）(*Geum coccineum*)：适生区5–9

R. 1株 银香菊(*Santolina chamaecyparissus*)：适生区5–9

S. 1株 百里香(*Thymus* spp.)：适生区4–9

T. 1株 染料木(*Genista tinctoria*)：适生区2–8

U. 6株 亚洲百合(*Lilium hybrids*)：适生区3–8

V. 3株 荆芥(*Nepeta* spp.)：适生区4–9

W. 4株 金鸡菊(*Coreopsis* spp.)：适生区3–8

花园大智“汇”

最棒的可分株繁殖的植物

最适宜广泛分享的植物应既不会对植物造成损伤，又易于分株。这些植物有：

美国薄荷（香蜂草）(*Monarda didyma*)
荆芥属(*Nepeta* spp.)
耧斗菜属*(*Aquilegia* spp.)
番红花属(*Crocus* spp.)
萱草属(*Hemerocallis* spp.)
蜀葵属*(*Alcea* spp.)
玉簪属(*Hosta* spp.)
鸢尾属(*Iris* spp.)
泽兰属(*Eupatorium* spp.)
柔毛羽衣草(*Alchemilla mollis*)

翠雀花属*(*Delphinium* spp.)
铃兰属(*Convallaria* spp.)
假龙头花（随意草）(*Physostegia virginiana*)
滨菊属*(*Leucanthemum* spp.)
芍药属(*Paeonia* spp.)
松果菊(*Echinacea purpurea*)
金鸡菊属(*Coreopsis* spp.)
百里香属(*Thymus* spp.)
滨紫草(*Mertensia virginica*)
蓍草属(*Achillea* spp.)

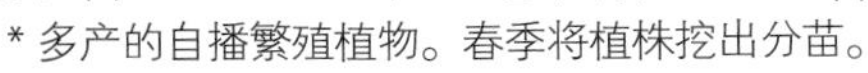

*多产的自播繁殖植物。春季将植株挖出分苗。

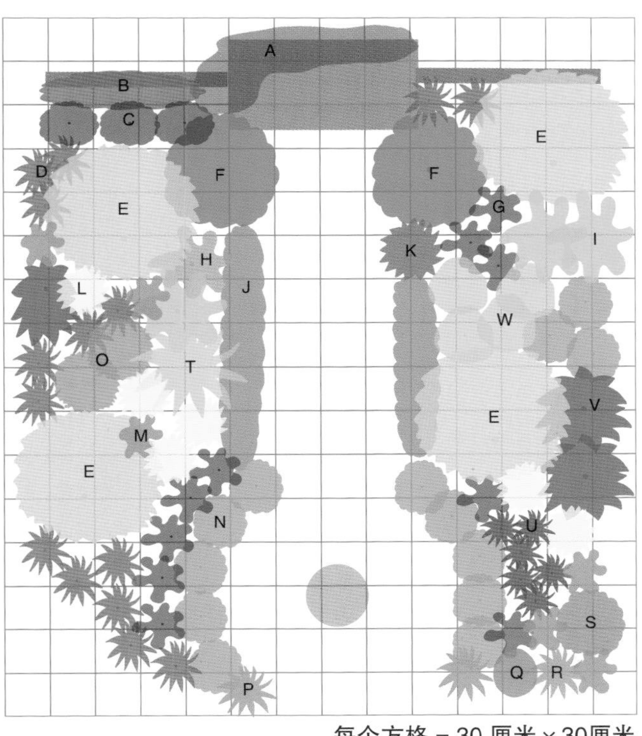

每个方格 = 30 厘米 × 30厘米

第六章

高贵优雅的规则式花园

在这个熙熙攘攘而又混乱无序的世界，或许一座安静而优雅、能够让人们舒缓放松的规则式花园是一碗最好的“心灵鸡汤”。这种类型的花园总是能够多少显示出那个一切都井井有条的年代所特有的优雅从容和美丽大方。但是秩序井然并不意味着一切元素都要呆板或乏味地矗立在那里。对于任何一个规则式花园来说，最简单朴素的设计原则就是讲究对称性，即对某一特定元素的重复使用。这种重复使用如果处理得当，会令人感觉舒适，但又并不那么拘束。

Mirror Image
镜像花园

前门步道的两侧各有一个鲜花悦动如波浪起伏般的花坛。

将平淡无奇的门前步道改变一下，让它出色而美丽动人！这其实非常容易。挖掉道路两侧的草坪，种满各色草花和多年生植物。

将植物沿步道两侧排成直长条形实在是没有什么新意。不如来点动感曲线吧，让植物也动起来。

将两个花坛的边缘设计为简单的曲线形，两个宛如蛇形的花坛跃然呈现在门前，这是一个更富有趣味性的设计方案。

花坛中种满了各色经典的充满乡土气息植物：金鱼草、毛地黄、雏菊、蓍草以及翠雀花。也可以根据喜好自由替换，增加一些灌木月季，或是其他多年生植物、一年生植物。

将花坛最外圈边缘用某种材料砌好，可以避免小草生长蔓延到花坛中。对于这处外墙为红砖的房屋，前面步道的边缘也可用红砖砌好，这样看上去会更加自然，当然也可以用其他类型的材料。

植物清单

A. 7株‘想象力’马鞭草(*Verbena* ‘Imagination’)：一年生植物

B. 8株白色的木茼蒿（木春菊、玛格丽特菊）(*Argyranthemum hybrids*)：适生区10–11，其余地区为一年生植物

C. 4株杂交马鞭草(*Verbena* × *hybrida*)：一年生植物

D. 6株毛地黄(*Digitalis purpurea*)：适生区4–9，二年生植物

E. 1株醉蝶花。例如‘白皇后’醉蝶花(*Cleome hassleriana* ‘White Queen’)：一年生植物

F. 5株四季秋海棠(*Begonia cucullata*)：一年生植物

G. 8株粉色的木茼蒿（木春菊、玛格丽特菊）。例如‘玛丽·伍顿’木茼蒿(*Argyranthemum* ‘Mary Wootton’)或‘温哥华’木茼蒿(*Argyranthemum* ‘Vancouver’)：适生区10–11，其余地区为一年生植物

H. 3株金鱼草(*Antirrhinum majus*)：一年生植物

I. 4株高翠雀花(*Delphinium elatum*)：适生区3–7

J. 2株蓍草。例如‘金色加冕’凤尾蓍(*Achillea filipendulina* ‘Coronation Gold’)：适生区3–9

K. 6株鼠尾草。例如‘弗里斯兰粉’鼠尾草(*Salvia nemorosa* ‘Pink Friesland’)：适生区5–11

L. 2株蝴蝶薰衣草(*Lavandula stoechas* var. *pedunculata*)：适生区8–11

M. 1株蓍草。例如‘红花’蓍(*Achillea millefolium* ‘Paprika’)：适生区3–8

N. 1株蒿草。例如‘东方聚光灯’北艾(*Artemisia vulgaris* ‘Oriental Limelight’)：适生区4–8

冷凉气候的替代品

图片中的花园坐落在冬季较温暖的地区，那里的气候几乎不会低于冰点。在气候较冷的地区，应将西班牙薰衣草替换为耐寒性更好的英国薰衣草。用大滨菊替代玛格丽特菊。

每个方格 = 30 厘米 × 30厘米

规则式花园的基本设计要点

规则式花园的基本设计要点是什么？下面是一些关键点：

对称性。一半的形状与另一半很像或类似。圆形、矩形或其他几何形状是规则式花园最主要的基调。在这个形状框架内进行植物混种搭配，但又不能看上去呆板而令人感到乏味。

重复。最典型的规则式花园要有重复元素，例如某一特定植物，一系列的格架，或者彼此映照以突出景观效果。

饰边。大多数规则式花园都要配有饰边植物。黄杨是最典型的饰边植物。应选择株形较矮的品种，定期地进行修剪、检查。其实任何生长整齐的植物都可以用作饰边植物。也可以用硬质景观来作饰边，例如砖块，高抬式花坛的硬质边沿，或直接采用石头，这样的好处是全年都可以保持花园具有清晰的轮廓。

A Subtle Circle 妙不可言的圆

小巧而简洁，这个由蓝色和闪耀的白色花朵组成的小花坛可作为小面积草坪或其他阳光充足地点的理想中心景观。

与其他许多规则式花园一样，这座小花园也是围绕一个中心景观而建造——位于花坛中心的这个精致漂亮的造型盆花。白色的月季和银色的叶片、开着蓝色花朵的鼠尾草簇拥着它，朴实而简洁。

规则式花园的建造非常容易。这座示例花园，只需一个下午就可以挖好并将植物种植下去。

最简单的方法是用一个带有绳子的木桩来标定出花坛的周长（将木桩树立在花坛中心，然后把绳子旋转一圈以标记花坛的外边缘）。将圆圈内的草坪移走，然后填入足量的土壤改良剂，例如有机堆肥。将高质量的盆花种植基质填入花盆中，然后种上一株黄杨。

选择小型的灌木月季。'Iceberg'（'冰山'）是经典的品种，但是无论选择何种月季，株高和冠幅都应控制在90～120厘米。（在春季进行强修剪有助于控制尺寸大小）

为了早春的花园能够富有色彩，可以考虑在蓝色鼠尾草中植入一些白色的水仙。随着水仙叶片的枯萎，蓝色鼠尾草，这种一年生植物的新叶就可以将其残留的棕褐色的种球遮盖住了。

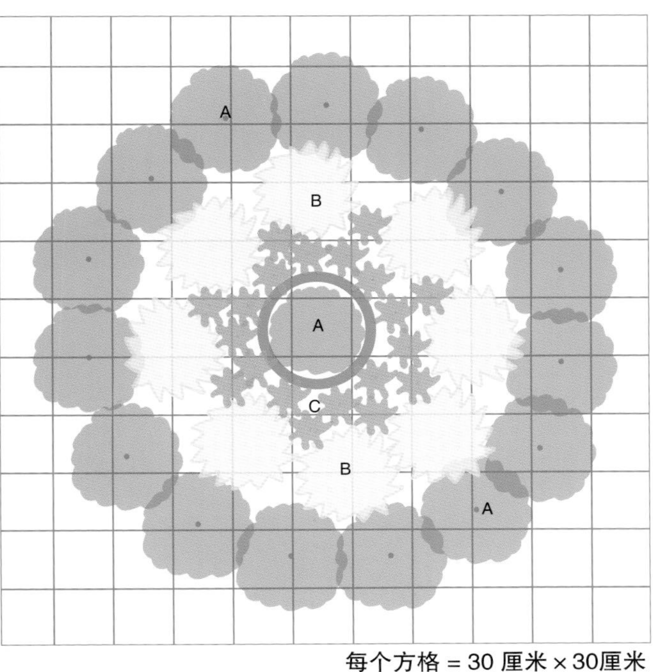

每个方格 = 30 厘米 × 30厘米

植物清单

A. 16株矮生型黄杨。例如‘绿宝石’黄杨(*Buxus*‘Green Gem’)：适生区4–7

B. 8株小型的白色灌木月季。例如‘冰山’月季(*Rosa*‘Iceberg’)：适生区5–9

C. 20株蓝花鼠尾草。例如‘维多利亚蓝’鼠尾草(*Salvia farinacea*‘Victoria Blue’)：一年生植物

* 在适生区4–5，冬季应使用粗麻布将黄杨裹住。

整个生长季，蓝色鼠尾草的那一道道深蓝色的花柱点亮了整个花坛。但是也可以考虑将其替换为荆芥或如‘仲夏夜’(‘May Night’)。这些多年生植物在前期的花费会多一些，但是第二年就不用再重新种植了，所以总体来说比较节省金钱和时间。

Vintage Charm
古老的魅力

或许你的曾祖母曾在此花园中徜徉，那么就用这些植物来缅怀过去的时光吧！

在那个单纯而朴素的年代，植物当之无愧地成为人们所珍爱之物。此设计将大量复古风格的花卉种植于大片草坪之上，以期重现花园往日的灿烂美景。

此设计涵盖的植物范围很广，严肃的植物设计师很少会将它们作为主角：鸢尾、芍药、欧亚香花芥（紫花南芥）以及香味四溢的欧洲山梅花，甚至包括一些带有实用主义色彩的石刁柏。一个世纪以前的花园主要特征之一就是实用性，那时水是非常宝贵的资源，将时间花费在打理花园上永远只能排第二位，而最重要的事是确保有足够的食物供给家庭。

在大面积草坪的中间建造这样一个花坛可谓是完美至极——一个既非常时尚又能够减轻修剪草坪工作强度的方式。

可以根据自己的喜好选择种植其他一些维多利亚风格花园中的常见植物，例如萱草、木槿、欧丁香、欧洲荚蒾、百合、铃兰和蕨类植物。

如果此设计方案对于你想设计的空间来说面积过大，可以将月季的数量削减一半，这样步道两侧的花卉区域会变小。或是将路一侧的方案简化，而另一侧保持不变。

将花坛边缘砌好，可以大大减少花坛养护中的一些杂活。可以采用风化废弃的旧砖，与这种古朴的风格十分相搭。

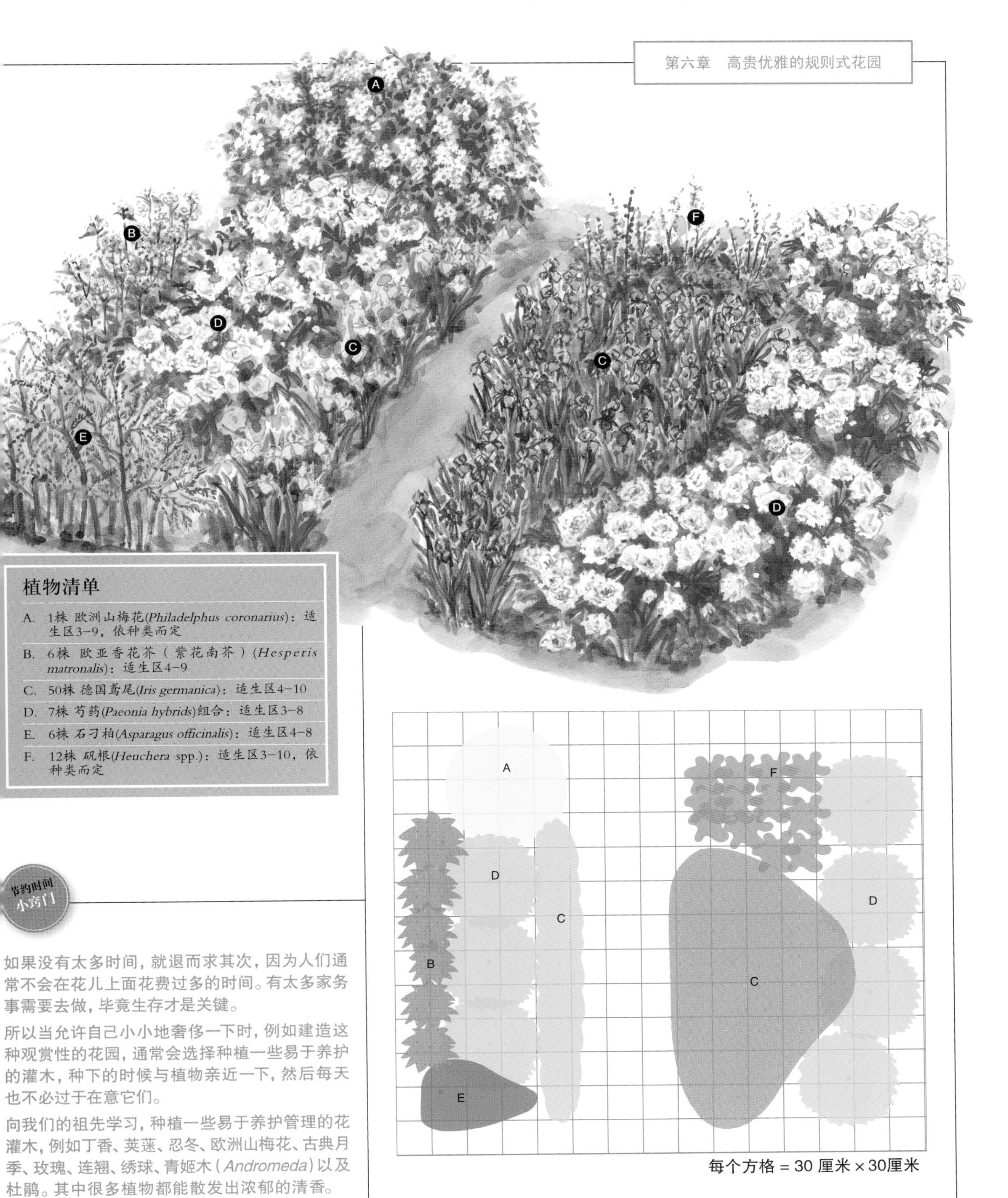

植物清单

A. 1株 欧洲山梅花(*Philadelphus coronarius*)：适生区3–9，依种类而定

B. 6株 欧亚香花芥（紫花南芥）(*Hesperis matronalis*)：适生区4–9

C. 50株 德国鸢尾(*Iris germanica*)：适生区4–10

D. 7株 芍药(*Paeonia hybrids*)组合：适生区3–8

E. 6株 石刁柏(*Asparagus officinalis*)：适生区4–8

F. 12株 矾根(*Heuchera* spp.)：适生区3–10，依种类而定

节约时间小窍门

如果没有太多时间，就退而求其次，因为人们通常不会在花儿上面花费过多的时间。有太多家务事需要去做，毕竟生存才是关键。

所以当允许自己小小地奢侈一下时，例如建造这种观赏性的花园，通常会选择种植一些易于养护的灌木，种下的时候与植物亲近一下，然后每天也不必过于在意它们。

向我们的祖先学习，种植一些易于养护管理的花灌木，例如丁香、荚蒾、忍冬、欧洲山梅花、古典月季、玫瑰、连翘、绣球、青姬木（*Andromeda*）以及杜鹃。其中很多植物都能散发出浓郁的清香。

Go Grand with a Grid
宏伟壮观的棋盘式花园

平静而舒缓的蓝色、银色和绿色，构成了一幅清新而精致的棋盘。

就像是在思考到底该如何布置一个盒子内部空间，运用此设计思维呈现出一座让人难以忘却的花园。设置好标志绳和木桩，然后开始翻耕土壤，用简洁的线条和平和的色彩构成这幅精致的作品。

规则有序的设计，加上由植物组成的特定色彩组合，一个简洁而丰富多彩的景观花园中的明星就此诞生了。

此设计方案采用黄杨作为花园外围的绿色轮廓线。更多的黄杨环抱在直立生长的常绿植物四周，形成优雅动人的曲线。花园的每个转角种植了一棵塔形紫杉，作为花园的标志物，并且构建出了富有情趣且视觉冲击力极强的垂直景观。

一串蓝和银叶菊一排排排列整齐，形成整齐划一的色块，并反复出现在花园中。建造方案中建议的植株数量可以保证能够快速成景。如果为了节约费用，可以减少植株用量，将植株间距调整到25厘米，而不再是15厘米。

为了获得更长久的景观效果，可以用多年生的蓝色的鼠尾草替代蓝花鼠尾草，用多年生药用鼠尾草替代银叶菊。

植物清单

A. 72株 矮生型黄杨。例如‘绿宝石’黄杨(Buxus‘Green Gem’)：适生区4-9★

B. 72株 银叶菊(Senecio cineraria)：适生区8-10，其余地区为一年生植物

C. 36株 蓝花鼠尾草。例如‘维多利亚蓝’鼠尾草(Salvia farinacea‘Victoria Blue’)：适生区8-10，其余地区为一年生植物

D. 25株 南美天芥菜（香水草）(Heliotropium arborescens)：一年生植物

E. 4株 红豆杉。例如‘尖塔’东北红豆杉(Taxus cuspidata‘Capitata’)：适生区4-7

F. 3株 蓝花丹(Plumbago auriculata)：适生区9-10，其余地区为一年生植物

★在适生区4-5，冬季应使用粗麻布将黄杨裹住。

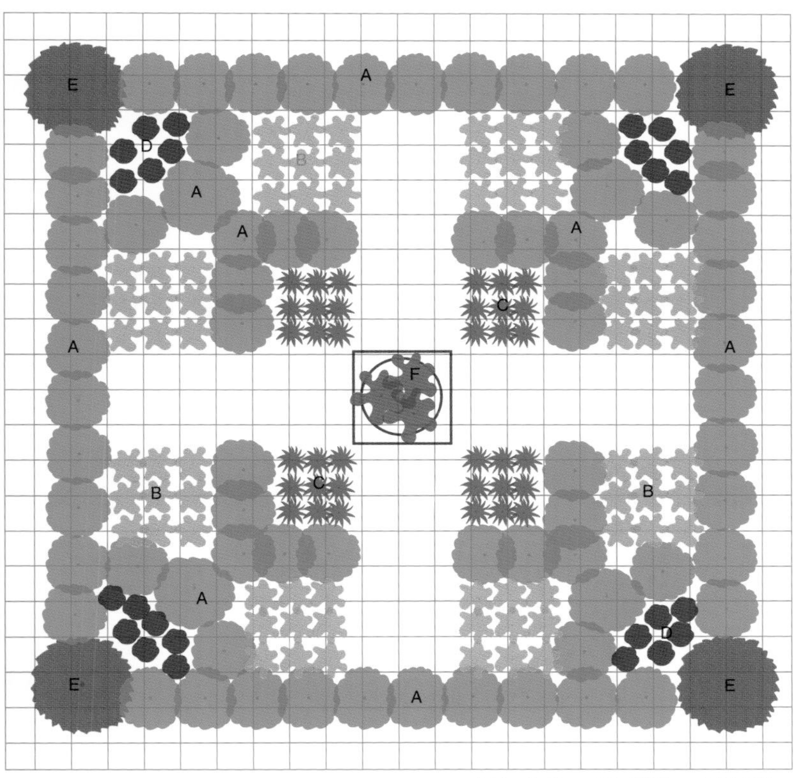

每个方格 = 30 厘米 × 30厘米

建造这样一座大型花园是否感到有些压力？首先用一串蓝完成花园中心部分的景观。第二步用银叶菊和香水草完成花园四周的景观建造。最后，用黄杨和紫杉完成花园外边缘的建造。

超级植物巨星

美丽的黄杨

在规则式花园设计中，黄杨是非常出色的饰边植物。但是，有些品种的黄杨会疯长超过3.6米，所以，应确保所选择的品种是矮型品种，这样建造出的花园才会更精致。

作为低矮的树篱，应避免选用锦熟黄杨(*Buxus sempervirens*)，它会长到1.5～3.6米高。另外，最好也不使用日本黄杨(*Buxus microphylla* var. *japonica*)，因为作为树篱，它的株高（90～180厘米）也有些过高了。

塔形的黄杨也尽量不要选用，例如‘碧山’（‘Green Mountain’），因为它并不适宜被修剪成低矮的树篱。比较优秀的适宜做饰边植物的黄杨有以下几种：

‘低矮’锦熟黄杨（*Buxus sempervirens* ‘Suffruticosa’）株高仅为60～120厘米。

小叶黄杨（*Buxus microphylla*），株高可达90～120厘米。

海岛黄杨(*Buxus sinica* var. *insularis*)株高仅为60～90厘米，是黄杨中耐寒性最好的品种。

杂交黄杨（*Buxus Cultivars*）‘绿宝石’（‘Green Gem’），作为饰边植物，拥有完美的株形，而且是耐寒性最好的黄杨之一，可以在适生区5－9种植。其耐受最低温为适生区4。在适生区4–5种植时，冬季应将其包裹以避免低温伤害造成植株外形受损。‘绿宝石’在适生区5–7生长强健，株高和冠幅可达90厘米。

Team Daylilies & Hostas
萱草与玉簪的聚会

用玉簪和萱草可以轻松地创建一个大型的规则式花园，而且在花费方面还非常经济。

在设计大型且易于养护的景观中，不必留有任何空白。在这座优雅至极的规则式花园中，可能你永远都不会知道哪些植物是“免费”的赠品。

这座花园适合轻度遮阴的地方，其建造费用较少，而且养护管理所花费的时间也极少。

萱草和玉簪构成了花园的主体。这些植物可分蘖出小芽，当长到拇指般大小时就可以进行分株了，如果你的亲朋好友也有花园，可以将这些小苗赠送给他们。

整座花园分为四部分，在每部分的中心种上一些茂盛苍翠的热带花叶芋作为焦点植物。（除了最温暖的区域，对于美国所有地区来说，都需要在秋季到来时将五彩芋的球茎挖出贮藏）

然后种下萱草和玉簪，用轮叶金鸡菊将其四周填满，让花园内植物种类更丰富。这种金鸡菊非常易于分株繁殖，所以你可以获得免费的植株。这三种植物均为多年生植物，可以年复一年地生长。

种植五彩芋和这些多年生开花植物时，应在每个区域内留下一小块空地，种植一些亮红色的凤仙。每年从春季直到霜冻开始，这些凤仙可以为花园增添更富有冲击力的色彩。

喷泉是整座花园的焦点，但是如果预算有限，可以用一个供鸟儿戏水的水盆或园林艺术品来替代。用废旧的砖块砌好步道，或是用便宜的切碎的树皮覆盖步道。

此花园喜欢湿度适中，应确保植物四周铺好覆盖物。这不仅有利于保持土壤湿度而且还可以抑制杂草生长，减少除草工作。

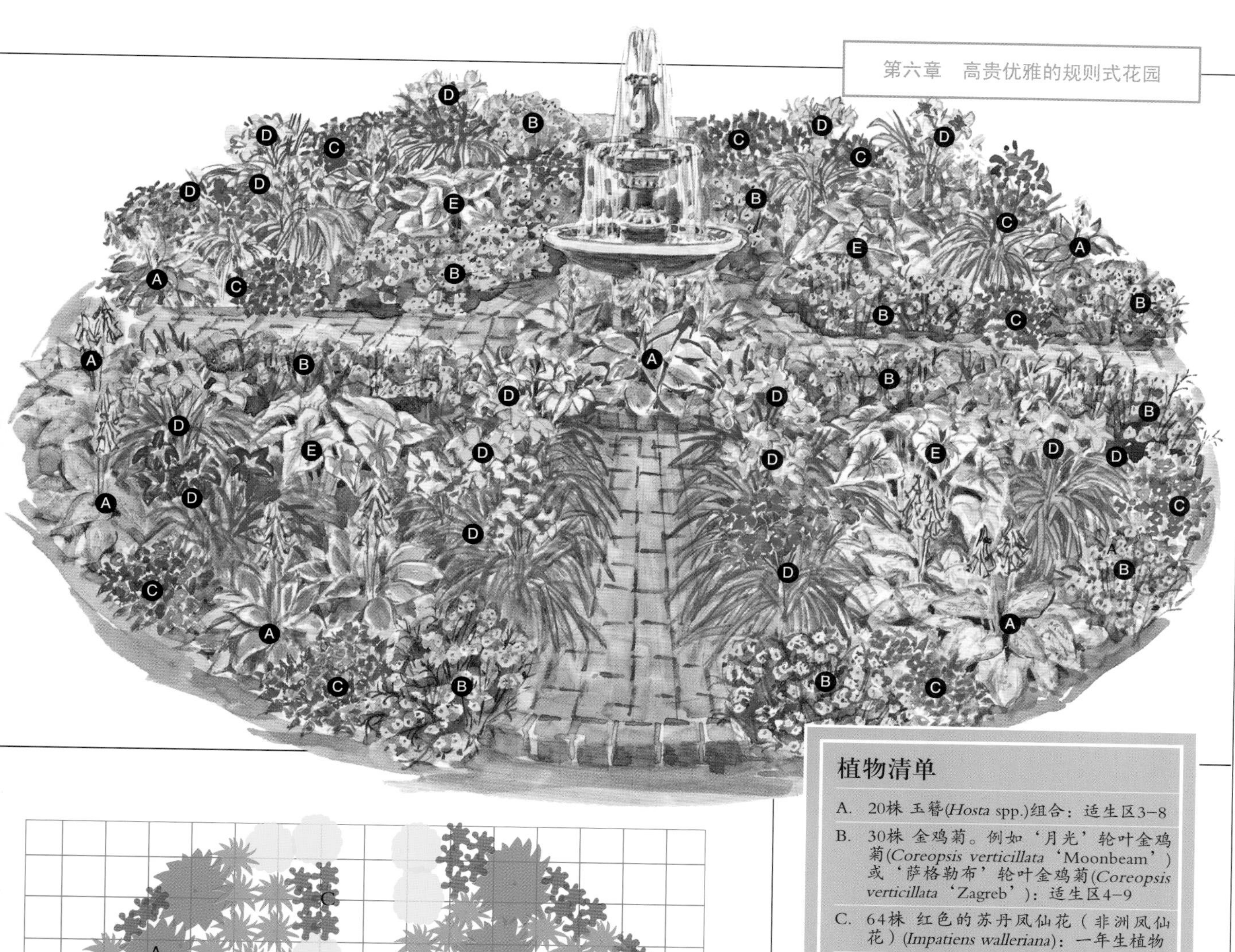

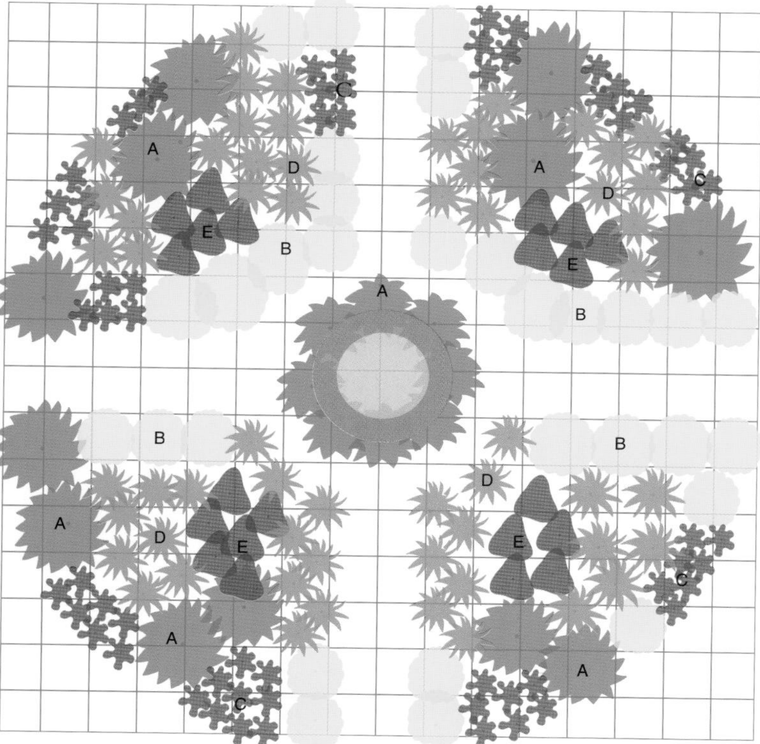

每个方格 = 30 厘米 × 30厘米

植物清单

A. 20株 玉簪(*Hosta* spp.)组合：适生区3–8

B. 30株 金鸡菊。例如‘月光’轮叶金鸡菊(*Coreopsis verticillata*‘Moonbeam’)或‘萨格勒布’轮叶金鸡菊(*Coreopsis verticillata*‘Zagreb’)：适生区4–9

C. 64株 红色的苏丹凤仙花（非洲凤仙花）(*Impatiens walleriana*)：一年生植物

D. 58株 萱草(*Hemerocallis hybrids*)：适生区3–10

E. 21株 花叶芋(*Caladium bicolor*)：适生区9–11，其余地区应在冬季将其根茎挖出并贮藏

为了避免萱草种下后过于混乱，可以将颜色或形态相同的种在一起。将五六株同一颜色的萱草种成一簇，然后在另一处将3～5株另一种颜色的种成一簇。这样形成一种色彩层层推移的景观效果，而且不会显得杂乱无章。

第七章

打造一个
华丽的花园入口

如果你曾经有过搜索寻找房子的经历，那么肯定知道拥有一个创意十足且热情四射的花园入口对一座房子来说是多么的重要。即使是最稀松平常的拜访，大门入口处所呈现出的美景往往也能让人不禁驻足欣赏一番。关于第一印象有句古老的谚语说得再正确不过了。即使美好的事物仍在院内，首先看到的景象也会在你脑海里留下永恒的记忆。

Create a Vibrant Entranc
生机盎然的花园入口

在门前步道的两侧，用长长的埋地式花坛或高抬式花坛来对访客说“欢迎”。

活力四射的色彩，郁郁葱葱的热带植物，这是一座在炎热和潮湿中蓬勃发展的花园。

通过对全球植物的繁育研究，今天，园艺大师们在植物新品种选择方面取得的成就让人们惊叹不已。这座花园充分利用了这些新品种，热带植物新星们那亮丽斑斓的色彩在花园入口处熠熠发光。

橙绿色的番薯是最好的榜样。作为美国中南部地区的本土植物，番薯与当地大多数植物一样，在炎热、潮湿的天气条件下生长得极为茂盛，其种植生长环境应与它的发源地热带雨林地区一样，保持充足的水分。

本设计中使用的热带植物还有来自东南亚的芋、长春花。

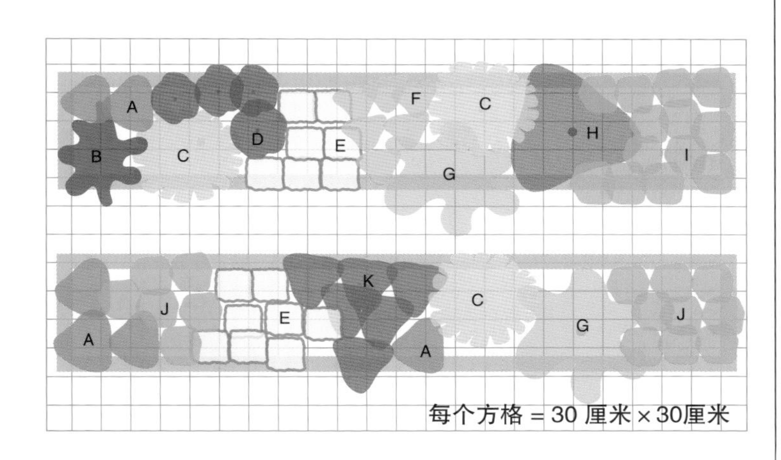

植物清单

A. 6株 多年生的鼠尾草。例如‘仲夏夜’森林鼠尾草(*Salvia × sylvestris* ‘May Night’)：适生区4–7

B. 1株 蓝扇花(*Scaevola aemula*)：一年生植物

C. 3株 芍药(*Paeonia lactiflora*)：适生区2–8

D. 4株 百日菊。例如‘缤纷樱桃’百日菊(*Zinnia* ‘Profusion Cherry’)：一年生植物

E. 15株 白色的长春花。例如‘纯白胜利’长春花(*Catharanthus roseus* ‘Victory Pure White’)：一年生植物

F. 6株 矮牵牛(*Petunia × hybrida*)：一年生植物

G. 2株番薯。例如‘玛格丽塔’番薯(*Ipomoea batatas* ‘Margarita’)：适生区11，其余地区为一年生植物

H. 1株 芋(*Colocasia esculenta*)：适生区9–11

I. 13株 红色的长春花。例如‘红太平洋’长春花(*Catharanthus roseus* ‘Pacific Red’)：一年生植物

J. 15株 粉色的长春花。例如‘清爽红’长春花(*Catharanthus roseus* ‘Raspberry Cooler’)：一年生植物

K. 6株 百日菊。例如‘缤纷焰火’百日菊(*Zinnia* ‘Profusion Fire’)：一年生植物

Set Off an Arbor 凉亭式园门

凉亭式门廊与门前的步道一起迎接访客们的到来。这个用老式花卉装饰的门廊极具特色。

对于这座前庭花园来说，园前的凉亭式门廊不仅在建筑布局上增添了几分趣味性而且更引人注目，月季以及其他各种多年生植物将其装点得柔美动人，使其与景观整体搭配得相得益彰。

凉亭不仅让垂直层面的景观更具趣味性，而且还是一座通往房屋正门入口的户外门庭。花园围栏在凉亭处交汇，让它成为花园大门。

这是一座造型独特的凉亭，其廊前的立柱上挂着两盏室外花园灯。电线从凉亭下面穿过预先埋设在园内地下的电线导管，通向室内，电源设在室内。对于独立式花园的照明，这种方式非常简洁易行。这种花园照明形式大大提高了安全性，颇受欢迎。

此种植方案范围为沿步道的3.5米左右。如果前面的围栏很长，可以将方案重复进行建造，这样延伸的围栏前也将被装饰得非常漂亮。也可以将自己喜欢的灌木月季和多年生植物进行组合。还可以在门廊的另一侧将种植方案进行复制。

植物清单

A. 1株 大卫·奥斯汀月季。例如‘玛丽·罗斯’月季(*Rosa*‘MaryRose’)：适生区5–9

B. 1株 杂交茶香月季。例如‘一等奖’月季(*Rosa*‘First Prize’)：适生区5–9

C. 5株 毛地黄(*Digitalis purpurea*)：适生区4–8

D. 3株 双距花(*Diascia hybrids*)：适生区6–9，其余地区为一年生植物

E. 1株 法国薰衣草(*Lavandula stoechas*)：适生区6–8

F. 1株 红色的杂交马鞭草(*Verbena* × *hybrida*)：一年生植物

G. 3株 雪朵花。例如‘暴风雪’雪朵花(*Sutera cordata*‘Snowstorm’)：一年生植物

H. 1株 紫色的杂交马鞭草(*Verbena* × *hybrida*)：一年生植物

I. 5株 金鱼草(*Antirrhinum majus*)：一年生植物

J. 2株 黄花马蹄莲(*Zantedeschia elliottiana*)：适生区9–10，其余地区为一年生植物

K. 1株 杂交茶香月季。例如‘林肯先生’月季(*Rosa*‘Mister Lincoln’)：适生区5–9

L. 1株 地中海旋花(*Convolvulus sabatius*)：适生区8–11，其余地区为一年生植物

M. 1株 蓝灰石竹(*Dianthus gratianopolitanus*)：适生区3–9

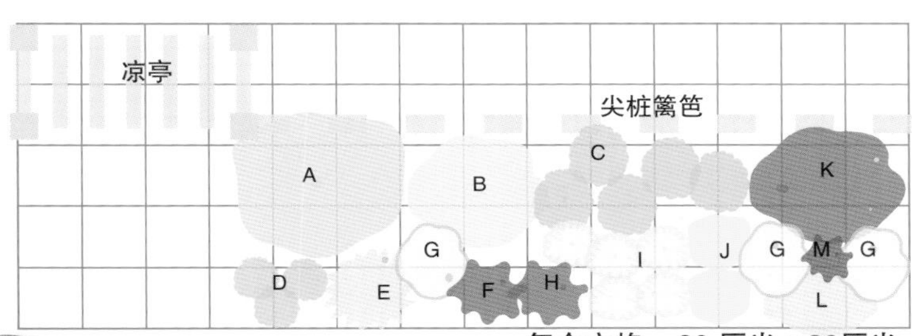

设计要点

如何设计前园凉亭

保证一定宽度。对于后园凉亭来说，设计得窄一点或许还说得过去，但是前园凉亭必须足够宽敞，以保证人们提着手提箱或更大的购物包都能顺利通过。通道最小的宽度应为90厘米，120厘米最为理想。

小心留意种植。凉亭上爬满了藤蔓植物和月季后会非常绚丽多彩，但是在选择品种时首先要考虑其成品尺寸。某些藤蔓植物，例如凌霄花和南蛇藤，其长度可达12米，它们会将凉亭完全覆盖，让人难以通行。定期对月季进行修剪，以确保它们那长满刺的枝条不会将人扎伤。

创建步道终点。记住，凉亭同样也是一个步道。它应该最终通往某处。可以在起点处或步道的终点处设置凉亭，而不是在草坪中间的某处。

设置周边围栏。当在凉亭的周围圈上一圈围栏时，看上去会更有家的感觉。在视觉上以及物理意义上凉亭都是围栏的交汇点。如果只是单独搭建一座凉亭，那么它很容易被狂风刮倒。

A Flowering Foundation
繁花似锦的宅旁景观

抛弃平淡无奇的设计，追寻一个超凡脱俗的花坛景观！这个前庭花坛注定将成为邻居热议的对象。

大多数宅旁景观无非是种上一棵树或一些常绿植物。不妨大胆尝试一番，将月季、铁线莲、萱草以及其他植物组合在一起，毫无疑问这将是一个与众不同的设计。

所谓宅旁景观就是将房屋与花园景观完美地结合在一起，保证两者衔接得体，打造出热情而协调的景观效果。如果没有宅旁景观，房屋看上去会光秃秃的，乏味而平淡，仿佛从地面上凭空升起一样。

摒弃通常所采用的将常绿植物成排种植的形式，这处宅旁景观主要采用易于养护的灌木月季，前面为排列整齐的多年生植物，而后面则采用了蔓生攀爬的铁线莲——乡村花园的代表植物，一种极富浪漫主义色彩的植物，用来作背景植物。

在大窗户的两侧或较小的多窗口两侧各种植一株铁线莲。选择大花型的铁线莲。用格架作为铁线莲攀爬的支撑物。可以从园艺店购买较便宜的预制格架。格架高度至少为1.8～2.4米。如果可能，可以将其顶部与房屋外墙固定在一起，以免向外倒斜。

根据种植区域大小可以缩减或增加设计方案，以确保种植面积与房屋大小相适宜。可以增加或减少萱草、鼠尾草和灌木月季的数量。

植物清单

A. 2株 小型月季：适生区5–9

B. 3株 矮生型亚洲百合。例如‘棒棒糖’百合(*Lilium*‘Lollipop’)：适生区3–8

C. 2株 石斑木（车轮梅）(*Raphiolepis indica*)：适生区8–10★

D. 10株 小型萱草。例如‘山巅之星’萱草(*Hemerocallis*‘Stella d'Oro’)：适生区3–10

E. 10株 多年生的鼠尾草。例如‘仲夏夜’森林鼠尾草(*Salvia* × *sylvestris*‘May Night’)：适生区4–8

F. 5株 灌木月季。例如‘贝蒂至上’月季(*Rosa*‘Betty Prior’)：适生区5–9

G. 3株 铁线莲。例如‘杰克曼’铁线莲(*Clematis*‘Jackmanii’)和‘亨利’铁线莲(*Clematis*‘Henryi’)：适生区4–9

★ 在寒冷地区，用矮生的蓝丁香(*Syringa meyeri*)代替。

每个方格 = 30 厘米 × 30厘米

Step It Up
步步高升

这些台阶为喜爱全日照和极好排水性的植物提供了完美的生长平台。

当一些植物喜欢充足大量的水，而另一些植物则讨厌把它们的“脚”弄湿时，需要花园具备极佳的排水性。这种小型的前斜坡式花园正好解决了这些问题，它为植物的健康生长提供了完美的微气候环境。

无论是用这种粗糙古旧的石块来修建台阶（如示例图中所示），还是用混凝土或砖块来修建台阶，都可以保证花园具备极好的排水性，而且很坚固耐用。在石块和步道周围可以接受到全日照的地方，可以为植物提供干燥的生长环境。

此花园汇集了各式各样的来源于山地的低矮植物，石制的山腰提供了它们本土的生长环境。某些植物的种子会掉到石缝中再发芽，而其他一些植物，如景天属的植物，枝条会慢慢地蔓延生长，无论是石块还是裂缝中间，只要它们的枝条能够伸到的地方，都会逐渐长满。

示例中的一些地被植物生长在石块之间的狭窄处，如果设计时步道之间没有留下空隙，应留出空间，以便这些地被植物的枝条将其填满。

花园中几块大岩石非常有特点，而且将它们放置在斜坡上还有助于固定土壤。也可以选择在放置岩石的地方种上一些低矮的灌木或一些多年生植物。

设计要点

斜坡景观要点

用下面这几种简单的方法来解决斜坡景观的问题：

爱上植物的根。选择能够在干燥土壤中健康生长的多年生植物和灌木，它们长势茂密，根系十分发达，例如萱草和朱巧花属（*Zausch neria*）。它们的根系十分紧密，可以牢牢地稳固住土壤。

注意坡底积水坑。因为水分都集中在斜坡的底部，所以种植在山坡底部的植物应该能够忍受（或需要）偶尔被弄湿根部。

滴灌的使用。用大流量的软管浇水，或设置滴灌系统，以确保水分被土壤充分吸收，而不是随浇随流走。

阻止坡面腐蚀。种植植物时应防止裸露的土壤被腐蚀，应先在斜坡上铺上一层景观地布，再将需要种植物的地方剪掉。用覆盖物将地布覆盖住。

植物清单

- A. 3株 景天。例如‘胖手指’白景天(*Sedum album*‘Chubby Fingers’)：适生区4–8
- B. 5株 苔景天(*Sedum acre*)：适生区3–8
- C. 1株 红花淫羊藿(*Epimedium* × *rubrum*)：适生区4–9
- D. 6株 海石竹(*Armeria maritima*)：适生区3–9
- E. 4株 亚洲百里香（柠檬百里香）(*Thymus serpyllum*)：适生区4–9
- F. 1株 麻兰（新西兰麻）(*Phormium tenax*)：适生区8–10
- G. 4株 紫叶的景天。例如‘紫帝王’景天(*Sedum*‘Pu rple Emperor’)：适生区3–7
- H. 1株 阔叶补血草(*Limonium latifolium*)：适生区5–9
- I. 2株 俄勒冈景天（婴儿景天）(*Sedum oreganum*)：适生区2–9
- J. 1株 假景天（高加索景天）。例如巫毒假景天(*Sedum spurium*‘Voodoo’)：适生区4–9

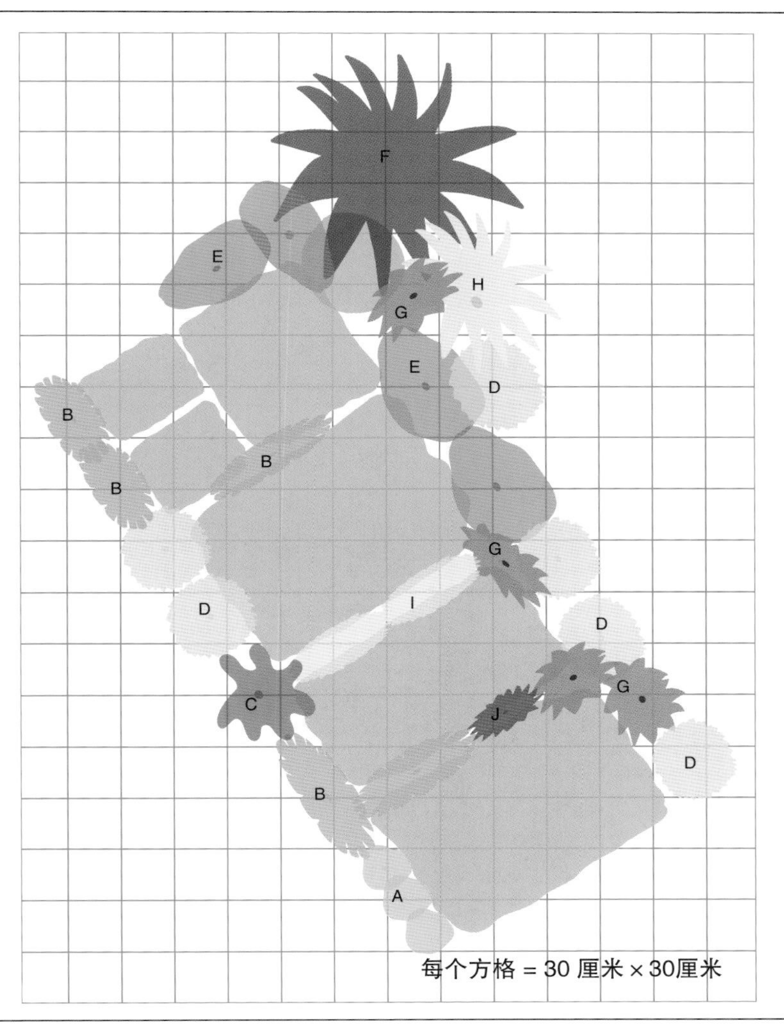

Define an Entry with an Arbor 精彩，从凉亭开始

这座凉亭成为入口花园中最精彩的中心景观。它指引着访客步入花园的主路径，迎接着他们的到来。

这座花园提供了两个入口，一个是敞开的正门，而另一个则是凉亭。依托两侧的尖桩篱笆围栏为背景，可以在其前方建造小型的景观花坛。

围绕着前园凉亭而建造的景观尤为有益，因为它紧挨街道，所有驾车路过的人或散步经过时，都会被你精湛的手工艺所深深吸引。所以做好前庭花园规划，打理好这些小花境，不失为一个与邻居愉快相处的好办法。

花园中种满了各式花繁叶茂的植物，从春末至夏初，旋即进入盛花期，芍药、鸢尾以及各色月季竞相开放。多年生鼠尾草和月季在整个夏季都会花开不断，在一年12个月都为花园贡献绿色的常绿植物蓝冬青和黄杨群中，洒下深玫瑰色和紫色斑点。加拿大紫荆提供了能够遮阳的树荫，其在早春即能孕育出活力迸发的花朵，为花园景观从低矮花境到高大凉亭的过渡提供了完美转换。

为了给花园再增添几分色彩，可以在灌木和多年生植物之间塞入一些粉色的天竺葵。（如上图所示）

花园大智"汇"

前园花坛

如何打造最理想的前园花坛？可以通过以下几个方面。

景观持续效果好。前园花坛应该在整个生长季都能够呈现出完美的景观效果。这点可以通过种植多年生植物来实现。寻找既有多彩的花朵又有迷人的叶片的多年生植物。示例中的景天属植物非常不错。某些植物，例如鬼罂粟（别名东方罂粟），在盛花期绚丽迷人，但很快其叶片会变为棕褐色，所以更适宜将其种植在远离临街的区域，而且应在其周围种上一些观叶植物，这样在花期过后可以将植株难看的叶片遮挡住。

整洁干净。避免种植又高又瘦、植株松软、长得过于松散的植物。虽然对于较随意的草坪来说，用野花组合可以获得精彩的景观效果，但是如果近距离地欣赏会给人一种蓬乱的感觉。另外应避免种植那些长有凌乱心皮的植物。

小巧。前园花坛应设计成既可以观赏园中景色，又不遮挡园中其他美景的矮小花坛。低矮的植物可以将人们的注意力吸引到花园中。

植物清单

A. 2株 芍药(*Paeonia lactiflora*)：适生区4–8

B. 3株 多年生的鼠尾草。例如'仲夏夜'森林鼠尾草(*Salvia* × *sylvestris* 'May Night')：适生区5–9

C. 1株 蓝冬青(*Ilex* × *meserveae*)：适生区4–9

D. 3株 德国鸢尾(*Iris germanica*)：适生区3–9

E. 7株 黄杨(*Buxus* spp.)：适生区5–9

F. 4株 '深刻印象'系列月季(*Knock Out Series*)：适生区5–9

G. 1株 加拿大紫荆(*Cercis canadensis*)：适生区5–9

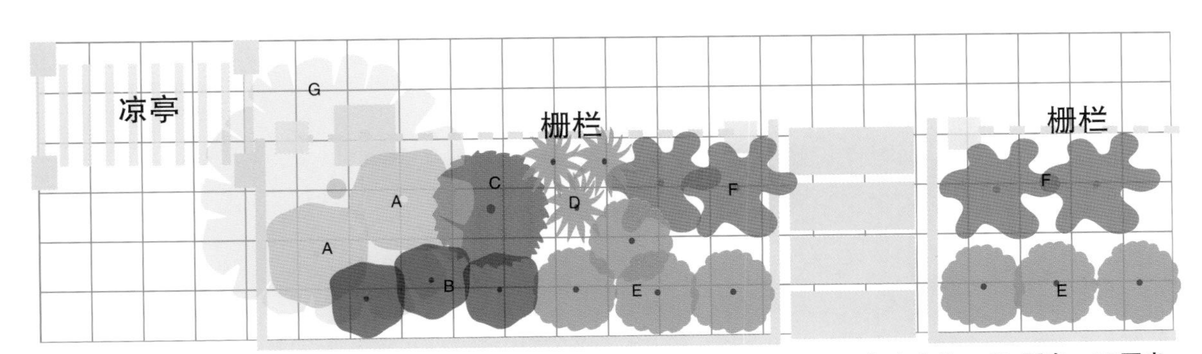

第八章

园艺技巧和食物

谁规定蔬菜和香草植物花园必须将植物按直线排列？本章中可食用植物花园的设计方案与这些食材的美味一样极具诱惑力。你可以看到一些既富有魅力又具有创新性的蔬菜、水果、可食用花卉以及香草的种植方案。

这些花园都对空间加以巧妙利用。大部分方案都采用集中种植的方式，所以只需一小块地方即可，非常适宜侧院或车库旁边的小空地。这么漂亮的花园为什么要藏起来呢？它们有足够的魅力让你将它们展示出来。

A Square of Greens 绿色广场

这真是一座可爱的小花园——而且非常容易建造！只需几个小时你就可以把这些植物拼凑在一起。

花园大智“汇”

建筑模块

想要开始尝试建造一座蔬菜花园吗？首先做一个1.2米×1.2米的高抬式花坛，然后可以再增加一两个这种正方形的高抬花坛，每个花坛之间留有60厘米宽的过道，铺设好覆盖物。

可以根据自己的园艺技术和喜好来选择植物，但是不要超过预算哟。

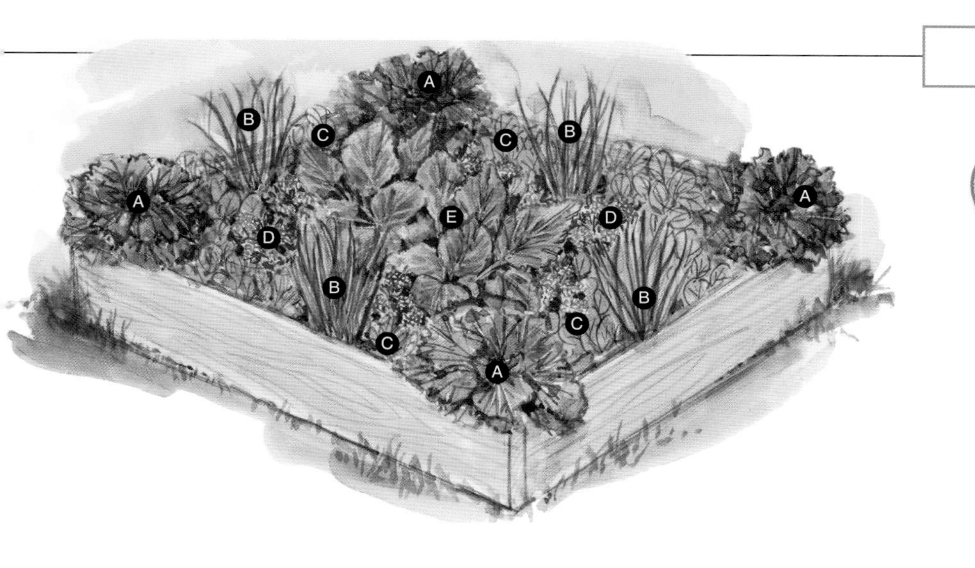

随着春天脚步的日益临近，对于迫不及待地想着手准备建造一座蔬菜花园的你来说，冷季型绿色蔬菜以及香草植物正合心意。

制作这个简洁的花坛，将60厘米×240厘米的防腐木材钉在一起，做成一个120厘米长的木箱。然后用彩色涂料刷在木箱外面，给它穿上一件漂亮的“外衣”，再填入质量上好的表层土和堆肥，最后就可以开始种植植物了。

将幼苗移植到花坛中可以快速达到理想的景观效果。为了节约费用，也可以播下莴苣种子。为了保证花园整齐美观，应种植单一类型的莴苣，或是买莴苣混合种子，这样就可以拥有各种颜色、花纹和口味的莴苣了。

将羽衣甘蓝放在花坛的四角，而中心则种上红叶卷心菜（搞不清楚这两种植物的区别？羽衣甘蓝的叶片边缘呈流苏式的穗边，或是叶片边缘带有深深的缺口。而卷心菜的叶片边缘则非常光滑）。羽衣甘蓝可以食用，但是多用作配菜以增加菜肴的色香味。如果更喜欢吃西兰花或花椰菜，可以用它们来替代卷心菜作为花坛的中心植物。

如地毯般铺满花坛的紫色香球雪为花坛增色不少，而且让花坛充满芳香。但是它不能食用，可以用堇菜属植物替代。就像这个花坛中的其他植物一样，这种与三色堇同属的植物在冷凉气候下能够茁壮成长。它们的花瓣可爱迷人，可以作为沙拉或甜点的配菜，为菜肴增添色香味。

随着白天气温的逐渐升高，冷季型花园开始走向衰败。需要重新种植你喜欢的暖季型蔬菜和香草植物，例如西红柿、辣椒、罗勒和豆类植物。

植物清单

A. 4株 羽衣甘蓝(*Brassica oleracea* var. *acephala*)：一年生植物

B. 4株 北葱（虾夷葱）(*Allium schoenoprasum*)：适生区3-9

C. 20株 莴苣(Lactuca sativa)：一年生植物

D. 14株 香雪球(*Lobularia maritima*)：一年生植物

E. 4株 卷心菜(*Brassica oleracea*)：一年生植物

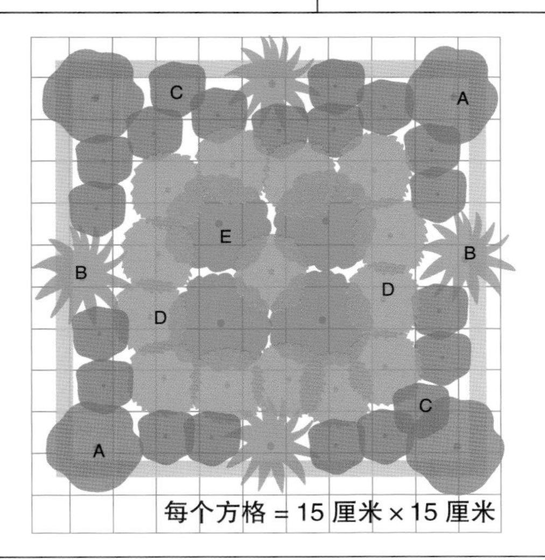

种植地区注意事项

根据季节搭配植物

冷季型蔬菜适宜生长在冷凉的气候条件下，如春季和秋季潮湿多雨的天气。（在无霜冻地区整个冬季都可以生长。）随着夏季白天逐渐变长，它们会迅速地窜高、结籽，仅在高温时停止生长。冷季型蔬菜包括莴苣、菠菜、大多数绿叶蔬菜、卷心菜、西兰花、花椰菜和豌豆类。

在北方，应在早春开始种植冷季型蔬菜，大约为花园所在地区平均最迟霜冻日前6～8周。在大多数地区，也可将冷季型蔬菜作为秋季作物种植，种植期为平均秋季首次霜冻日前6～8周。

暖季型蔬菜的种植恰恰相反。它们在温暖的气候条件下才能茁壮成长，霜冻或持续的寒冷天气都会对其造成损伤。所以应在天气完全变暖，而且不会再发生霜冻情况时再种植。暖季型蔬菜包括西红柿、辣椒、茄子、豆类、黄瓜、西葫芦、笋瓜和南瓜。

Vegetables on the Side 院墙边的菜园

用美味而漂亮的花朵将花园向阳的一面改造成一个方便的厨房花坛。

蔬菜和香草植物就像参加法国诺曼底登陆的士兵一样，兴奋地冲到了院墙边，它们将连续好几个月为厨房提供绿色新鲜的美味食材。

很久以前法国人就学会了如何让花园中的每一寸空间都能创造价值。与美国不同，这主要是因为几个世纪以来欧洲人一直不得不应对土地有限的问题。

这个花坛，或者称它为厨房花园，小巧迷人，从中可以看到欧洲人是如何巧妙利用小空间来建造花坛的。 测量一下这个高抬式小花坛，长4.8米，纵深只有1.8米，用刷了白灰的砖块砌成，与房屋的风格搭配得相得益彰。

将混合好的堆肥和高质量的表层土填入花坛中。在花坛后面放置几个格架，涂刷成蓝紫色，就像百叶窗一样，然后在下面种上几株小型藤本月季，高度不要超过3米。

墙角处的美国凌霄的枝条能长到超过12米长，可以爬满房屋的一侧。如果角落空间有限，可能比较适宜种植铁线莲或月季。（注：美国凌霄不能食用。但是月季和孔雀草是可以食用的。它们的花瓣可以作为沙拉或甜品中的配菜。）

可以直接栽种莴苣小苗，也可以为了节约费用直接将种子播到花坛中，播种时要排列整齐，待小苗长大时根据具体情况间苗。间苗过程中拔出来的莴苣小苗也可以作为食材使用。

植物清单

A. 5株 藤本月季。例如‘约瑟的彩衣’月季(*Rosa*‘Joseph's Coat’)：适生区5–9

B. 6株 散叶莴苣。例如‘沙拉盘’莴苣(*Lactuca sativa*‘Salad Bowl’)：一年生植物

C. 3株 薰衣草(*Lavandula angustifolia*)：适生区5–10

D. 45株 洋葱(*Allium cepa*)：一年生植物

E. 7株 软叶莴苣。例如‘比布’莴苣(*Lactuca sativa*‘Bibb’)：一年生植物

F. 35株 孔雀草(*Tagetes patula*)：一年生植物

G. 16株 菠菜。例如‘旋律’菠菜(*Spinacia oleracea*‘Melody’)：一年生植物

H. 19株 长叶莴苣。例如‘帕里斯岛’莴苣(*Lactuca sativa*‘Parris Island Cos’)：一年生植物

I. 7株 散叶莴苣。例如‘黑籽辛普森’莴苣(*Lactuca sativa*‘Black Seeded Simpson’)：一年生植物

J. 8株 菠菜。例如‘名流’菠菜(*Spinacia oleracea*‘Tyee’)：一年生植物

K. 3株 黄杨。例如‘冬青’海岛黄杨(*Buxus sinica* var. *insularis*‘Wintergreen’)：适生区5–9

L. 1株 凌霄。例如‘橘黄’厚萼凌霄(*Campsis radicans*‘Flava’)：适生区5–9

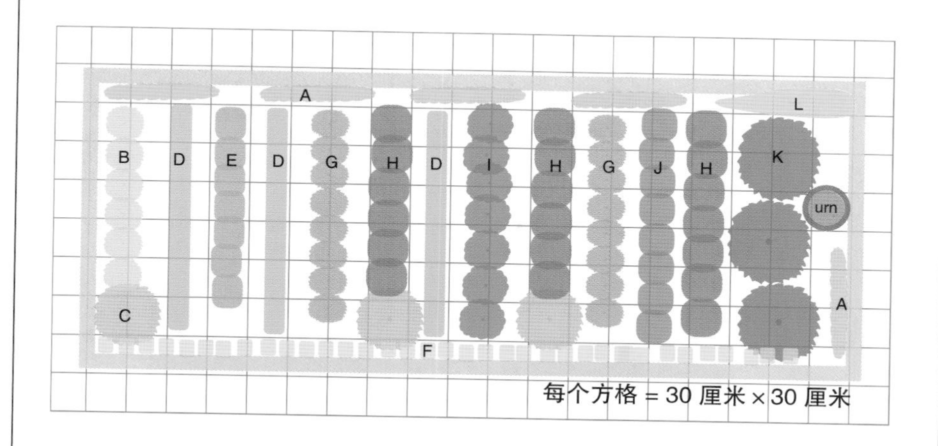

花园大智“汇”

根据日照情况进行花园布置

蔬菜花园需要全日照，所以在房屋等建筑的南侧或西侧墙边非常适宜建造蔬菜花园。

在房屋东侧，蔬菜也可以长得很好，只要那里没有树或灌木将光线遮挡或过滤掉，因为通常房屋这侧阳光不会过于强烈。实际上，很多蔬菜不喜欢过于炎热的环境，例如豌豆、莴苣、卷心菜以及西兰花，通常它们在房屋的东侧会长得更好，因为在炎热季节的午后，那里不会有光线直射，相对会凉爽一些。这种情况在美国南部地区尤为明显，那里的阳光更强烈。

房屋北侧通常过于阴暗。因为房屋的建造位置都是要利于获得阳光的，所以每天的大部分时间，在离房屋北侧五六十厘米之内都会产生一个长长的阴影区。

Flowers & Food 花朵 & 食物

将花朵和蔬菜自由地混合在一起，这个花坛不仅为你呈上一桌新鲜美味的筵席，而且是名副其实的秀色可餐。

这个花坛就像是一台生产食品的机器，不停地生产各种美味佳肴。但是花坛中也有很多可供观赏的一年生和多年生花卉，可以剪下它们的花枝，用作室内装饰插花。

不知为何，很多园艺师都喜欢把蔬菜和花卉分开种植。但是，在花园设计中，这并不是不可更改的规则。很多时候，最精彩而成功的设计往往是打破了这些惯例的。

这个花坛恰到好处地将美丽和美味融为一体。蔬菜和花园作物混种在一起，其设计不仅体现了生机勃发的自然美景，而且还将观赏和食用之间的界限变得模糊。

如果没有太大的地方专门种植蔬菜，这个设计提供了很好的解决方案。这种混合式花园不仅极具魅力而且看上去非常整洁，相信无论是景观效果还是品尝佳肴美味，它都会受到赞美。

摒弃将花园中阳光充足的区域铺设草坪的做法，而是搭建一些花坛。示例中两个长方形的花坛仅为花园的一部分，另外花园中还有威士忌酒桶、格架、藤架和其余一些形状各异的小型花坛。莴苣、小灌木、三色堇、卷心菜、各种香草植物掺杂在一起，遍布整座花园。

其中一个花坛中放置了一个红陶罐，它部分埋入土中，不仅起到装饰作用，而且还是一个非常实用的浇水装置。当罐中盛满水后，水会慢慢地渗入周围的土壤中，这样既不用浪费大量的水而且还湿润了花坛中的栽培基质。

这种类型的花坛带给你额外的“奖励”，最理想的情况就是将花枝剪下插在花瓶中继续观赏。在传统的观赏型花坛和花境中，如果将植株收获、花枝剪下后往往会留下空缺。而这种花园，需要不断收获、补种，所以很快就会有新植物来填补这些空缺。

植物清单

A. 8株 锦熟黄杨(*Buxus sempervirens*)：适生区5–9

B. 21株 三色堇(*Viola tricolor*)：一年生植物

C. 2株 厚皮菜（莙荙菜）。例如‘大福德虎克’厚皮菜(*Beta vulgaris* var. *cicla* ‘Fordhook Giant’)：一年生植物

D. 2株 红色的卷心菜。例如‘红宝珠’卷心菜(*Brassica oleracea* ‘Ruby Ball’)：一年生植物

E. 2株 金黄香蜂花(*Melissa officinalis* ‘Aurea’)：适生区4–11

F. 5株 洋葱。例如‘椰子’洋葱(*Allium cepa* ‘Copra’)：一年生植物

G. 1株 ‘金叶’牛至(*Origanum vulgare* ‘Aureum’)：适生区5–11

H. 19株 散叶莴苣。例如‘高贵栎叶’莴苣(*Lactuca sativa* ‘Royal Oak Leaf’)：一年生植物

I. 1株 紫色的有髯鸢尾。例如‘黑夜问候’鸢尾(*Iris* ‘Hello Darkness’)：适生区3–10

J. 2株 卷心菜。例如‘帕克曼’卷心菜(*Brassica oleracea* ‘Packman’)：一年生植物

K. 3株 欧芹(*Petroselinum crispum*)：一年生植物但可两年生长

L. 1株 翠雀花。例如‘大洋巨人’高翠雀花(*Delphinium elatum* ‘Pacific Giant’)：适生区4–8，多年生植物

M. 15株 胡萝卜。例如‘鲜红南特’胡萝卜(*Daucus carota* var. *sativus* ‘Scarlet Nantes’)：一年生植物

N. 1株 琉璃苣(*Borago officinalis*)：一年生植物

O. 10株 菜豆（四季豆）。例如‘蓝色波尔湖’菜豆(*Phaseolus vulgaris* ‘Blue Lake Pole’)：一年生植物

P. 22株 白色和黄色的三色堇(*Viola tricolor*)：一年生植物

Q. 6株 南美天芥菜（香水草）(*Heliotropium arborescens*)：适生区11，其余地区为一年生植物

R. 1株 波叶大黄(*Rheum rhabarbarum*)：适生区2–9

S. 4株 辣椒(*Capsicum annuum*)：一年生植物

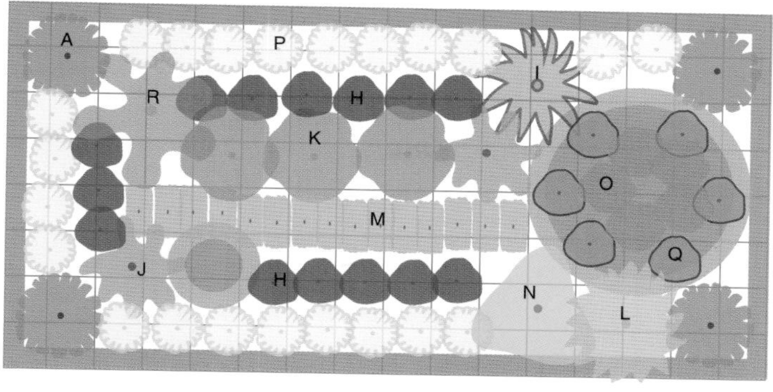

每个方格 = 15 厘米 × 15 厘米

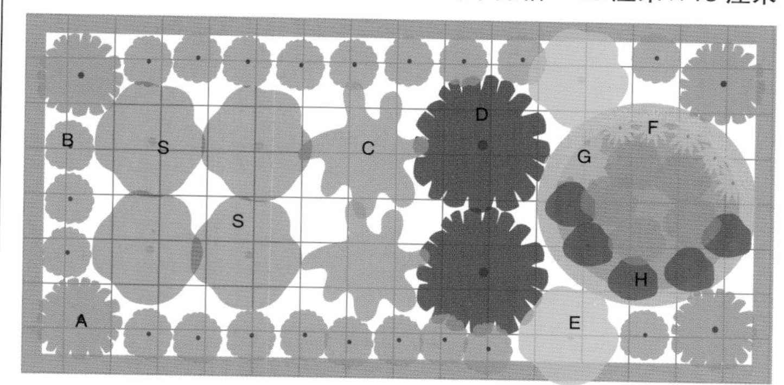

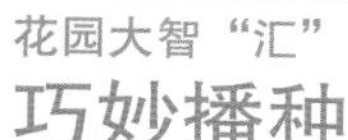

花园大智“汇”

巧妙播种

在蔬菜花坛中种植一些切花植物有一些省钱的办法。百日草、万寿菊、大波斯菊、向日葵、香豌豆以及矢车菊都是非常好的切花植物，这些植物可以直接在花坛中播种。

与蔬菜播种一样，这些切花植物也是成排播种。然后收获，再生长。几个星期之后，这些植物就可以再次开花。

在蔬菜花坛中种植一些切花植物同样非常棒。示例花坛种了一些飞燕草和鸢尾。其他一些令人喜爱的切花植物还有亚洲百合、多年生虞美人等，它们在蔬菜花坛中成排种植长势也会非常好。很多屋主喜欢在蔬菜花坛中种植一些开花的球根植物，例如大丽花和唐菖蒲，这类植物应在秋季将其根茎挖出贮藏越冬，操作非常简单容易。

A Circle of Herbs 香草花环

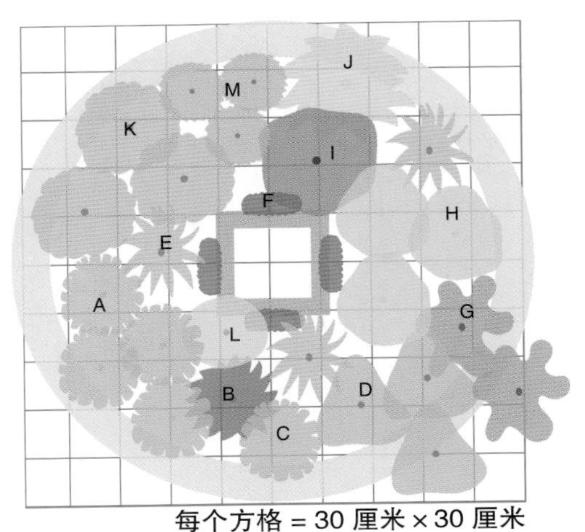

每个方格 = 30 厘米 × 30 厘米

用香草植物组成一个花环，让蔬菜花园动起来！

香草花坛就像一个活力四射的香料柜。晚餐前到花园中遛一圈，随手剪下几枝香草枝条，让晚餐律动起来。

这种香草植物花坛具有很强的实用性。香草植物的大融合有效地利用了花园空间。从花园边缘到种植有香草植物的中心非常方便，不会超过1.2米。用石块作为这个环状高抬式花坛的边缘，将植物蔓延伸长的枝条控制在环形花坛中。

几乎所有的香草植物都喜欢排水性良好的生长环境，而这种高抬式花坛非常适宜。花坛边缘的石块能够吸收太阳照射的热量，并将其传递给花坛中的香草植物。因为很多香草植物原产地非常炎热，所以它们喜欢干燥的气候条件，得益于花坛边缘石块所反射的热量，它们能够茁壮成长。蔓生植物，例如绵毛百里香，其枝条任意地爬过花坛石沿的表面，其叶片高高地扬起，展现出香草植物喜欢干燥的习性。

更进一步地说，大多数香草植物喜欢沙地或砾石土质。最低的营养元素，较少的反射光以及如它们原生地一样干燥地区的岩石土质，它们都可以生长旺盛并散发出浓郁的风味。所以应避免花坛中的基质过于潮湿、肥沃，应用砂壤土栽培。

花坛中间的立柱支撑我们称为支架或圆锥帐篷。可以直接购买成品，也可自己动手制作。也可以使用更常见的支架。

示例中的支架上面缠绕着开满红色花朵的茑萝的枝条。如果喜欢用一些藤蔓类的可食用植物，可以选用圣女果或深红色的荷包豆，它们都是颇具魅力的备选植物。

植物清单

A. 3株 罗勒(*Ocimum basilicum*)：一年生植物

B. 1株 欧芹。例如‘卷苔’欧芹(*Petroselinum crispum* ‘Moss Curled’)：一年生植物但可两年生长

C. 2株 厚皮菜（莙荙菜）。例如‘大福德虎克’厚皮菜(*Beta vulgaris* var. *cicla* ‘Fordhook Giant’)：一年生植物但可两年生长

D. 3株 绵毛百里香(*Thymus pseudolanuginosus*)：适生区5–8

E. 3株 北葱（虾夷葱）(*Allium schoenoprasum*)：适生区3–9

F. 4株 茑萝(*Ipomoea quamoclit*)：一年生植物

G. 2株 普通百里香(*Thymus vulgaris*)：适生区5–9

H. 3株 鼠尾草。例如‘三色’药用鼠尾草(*Salvia officinalis* ‘Tricolor’)：适生区5–8

I. 1株香蜂花(*Melissa officinalis*)：适生区4–11

J. 1株 迷迭香(*Rosmarinus officinalis*)：适生区8–10，其余地区为一年生植物

K. 3株 牛至(*Origanum vulgare*)：适生区5–9

L. 1株 蒿草。例如‘栽培’龙蒿(*Artemisia dracunculus* ‘Sativa’)：适生区5–9

M. 3株 莳萝(*Anethum graveolens*)：一年生植物

地区要点

迷迭香适用于任何气候条件

迷迭香是一种非常奇妙的香草植物，在鸡肉、羊肉以及汤类、意大利面和很多地中海风味的菜肴中加入迷迭香都会别有一番风味。

迷迭香的确起源于地中海，它喜欢炎热、干燥的气候条件。在意大利、希腊、法国以及美国西海岸等地区，迷迭香多为中到大型的灌木。

然而，大多数品种的迷迭香耐寒性较差，只适于在适生区8–11种植。在这之外的地区，如果种植迷迭香，需要将其移到大型的花盆中，放在室内才能越冬。应将其放置在凉爽一些的日光温室中（60华氏度或更低一些），或者室内靠近窗边的地方，只要不过分干燥即可。（如果室内空气过于温暖干燥，其针状叶片会变为褐色，并会出现落叶现象。）另外可选择放置迷迭香的地点：无加热的车库中靠近窗户的地方，只要温度保持在4摄氏度以上即可。在整个冬季可以少量地剪取一些枝条食用。

春季，可以将花盆中的迷迭香移至花园中了，移植时应将花盆靠下的部分直接埋入土中，或是直接将花盆放在地上让其继续在盆中生长。

花园大智“汇”

妙哉，圆锥帐篷

用这种圆锥形支架作为藤蔓植物的支撑物不仅能够节省空间而且还能确保植株健康生长。引导植物顺着支架向上攀爬不仅能够让植株获得良好的空气流通，而且还可以避免受到一些真菌性病害侵扰。

诸如西红柿（最好选择株高能达五六十厘米的品种），攀缘型豆角、黄瓜等都是可供选择的植物。树枝、竹子、木板、铜管或是PVC塑料水管等都可以用来制作这种圆锥形支架。立柱材料的表面应粗糙一些，以避免连接的绳子滑脱。

立柱底部的间距应至少保证在30厘米，围成一个时髦的圆环形。立柱数量至少3根。每根立柱的底部应插入土壤中，然后将它们的顶部用麻绳系在一起。

将植株直接移植到每根立柱的底部，也可以直接将种子播下。如果种植西红柿，将一株直接种在支架中间，然后随着植株的不断生长，将其枝条用柔软的布条系在支柱上。

Small-Space Edibles Garden 小型可食用植物花园

Greens on the Patio 露台上的一抹绿

如此耀眼夺目的蔬菜花坛，如果你对这片绚丽的绿色视而不见可真是一大憾事！

省钱要点

更多生长迅速的北葱

北葱可大量地繁殖。为了削减最初的预算，可以只购买1株北葱，而不是示例中的3株。两年之内，你就可以通过分株而获得一丛北葱，填满示例中其所在的位置。

露台上洒满阳光的一侧真是一处令人心仪的休息区。不再用那种传统的景观来布置此处，屋主决定创建一个既实用又美观的花坛，把这里装扮一新。

这种小型的能产出食材的花坛既便宜又易于管理。砖制地面的露台让你不用再担心陷入花园的烂泥中。在砖制地面上用防腐木围成小花坛，这样就可以把堆肥和表层土填入了。

示例花坛中的大多数植物都可以直接用种子播下。一些品种，例如北葱（虾夷葱）、刺苞菜蓟（洋蓟）和西兰花，可以从一些种苗公司直接买到种苗。

这棵苹果树是花坛的“常住民”，这棵小型矮生苹果树不会遮挡住其他植物。为了节省空间，花园中一些植物的枝条向上伸展，形成一面与房屋外墙平行的绿墙。

随着夏季高温天气的到来，花坛边沿种植的莴苣会褪色。在稍大的花坛中，喜高温的番杏可以在夏季填补莴苣留下的空白。在小点的花坛中，矮菜豆、辣椒或其他暖季型作物可以填补莴苣留下的空白。

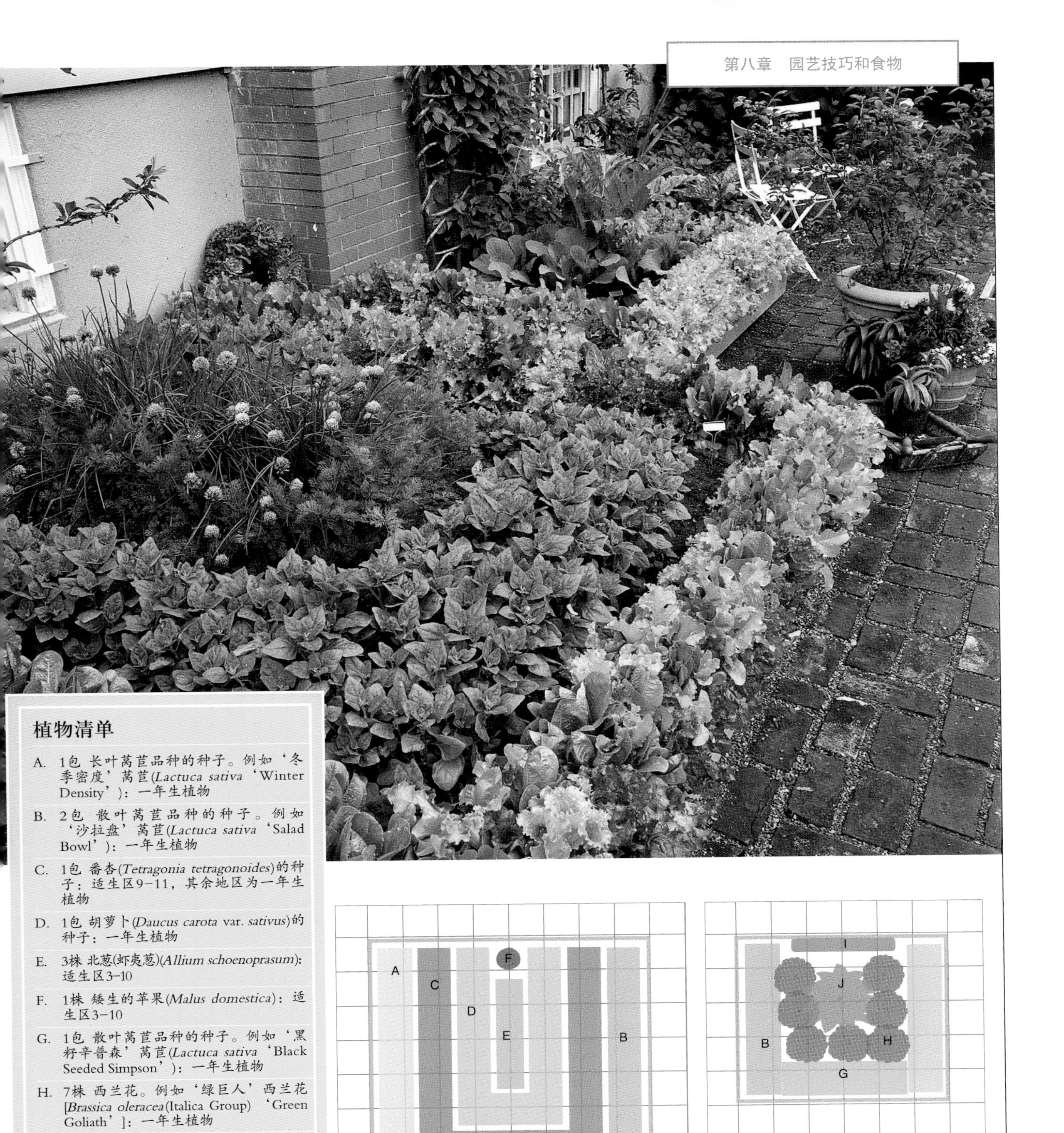

植物清单

A. 1包 长叶莴苣品种的种子。例如‘冬季密度’莴苣(*Lactuca sativa*‘Winter Density’)：一年生植物

B. 2包 散叶莴苣品种的种子。例如‘沙拉盘’莴苣(*Lactuca sativa*‘Salad Bowl’)：一年生植物

C. 1包 番杏(*Tetragonia tetragonoides*)的种子：适生区9–11，其余地区为一年生植物

D. 1包 胡萝卜(*Daucus carota* var. *sativus*)的种子：一年生植物

E. 3株 北葱(虾夷葱)(*Allium schoenoprasum*)：适生区3–10

F. 1株 矮生的苹果(*Malus domestica*)：适生区3–10

G. 1包 散叶莴苣品种的种子。例如‘黑籽辛普森’莴苣(*Lactuca sativa*‘Black Seeded Simpson’)：一年生植物

H. 7株 西兰花。例如‘绿巨人’西兰花[*Brassica oleracea*(Italica Group)‘Green Goliath’]：一年生植物

I. 5株 菜豆（四季豆）。例如‘蓝色波尔湖’菜豆(*Phaseolus vulgaris*‘Blue Lake Pole’)：一年生植物

J. 1株 刺苞菜蓟(洋蓟)(*Cynara cardunculus*)：适生区7–11，其余地区为一年生植物

每个方格 = 30 厘米 × 30 厘米

Cool to be Square
酷爽的正方形

方形的雪松木制成的花坛是最易于养护管理的蔬菜花园之一。它们那恰到好处的高度让种植蔬菜成为一件轻而易举的事情。

那句古老的谚语“聪明地工作而不是蛮干”，非常正确。事先多投入一些精力来建造这些坚固的高抬式花坛。在接下来的数十年都会让蔬菜花园的工作不费力气。

这个深度达30厘米的花坛几乎能为所有品种的蔬菜根部提供足够的生长空间，包括根茎类蔬菜，例如胡萝卜和马铃薯。

花坛顶部被巧妙地设计为带有一圈细长的木制平台，其高度位置既能完好地显示植物生长，而且又便于进行除草及收获工作。小平台还可以方便工作时放置一些工具和小水桶，这样就不用再弯腰从地上拿这些工具了。

将高质量的表层土和堆肥混合后填入花坛中。按体积计算应使用多达三分之一的堆肥。对于这种集中种植的花园来说，肥沃的土壤可以为植物生长提供充足的营养元素。

其中一个花坛的后部放置了一个格架，不仅能够让花园生产出更多的产品，而且还为花园增添了垂直层面景观。多花菜豆不仅可以食用，而且还开着漂亮的红色花朵，顺着格架的一角向上攀爬。黄瓜和豌豆也顺着格子以及绳条尽情地伸向蓝天。花坛中的罗勒和西蓝花是可食用的美味植物。百日草、六倍利和桂竹香为花坛注入了活力和色彩。

在另外一个花坛中，番茄、辣椒和茄子种在种植笼中，这样既可以让果实不接触地面，而且还能避免植物长得过于浓密而杂乱。亮橙黄色和金色的旱金莲以及细叶万寿菊都是既美丽迷人又可食用的植物。

在花园中建造一个甚至几个这种易于操作的极其人性化的花坛。在任何阳光充足可种植这些食用植物的地方，将花坛成排或成片放置。

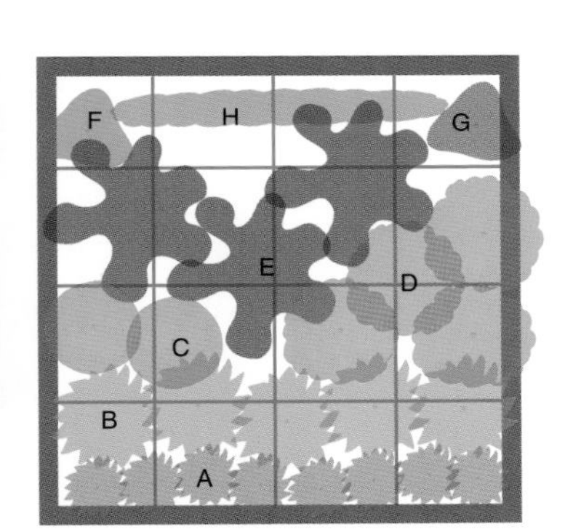

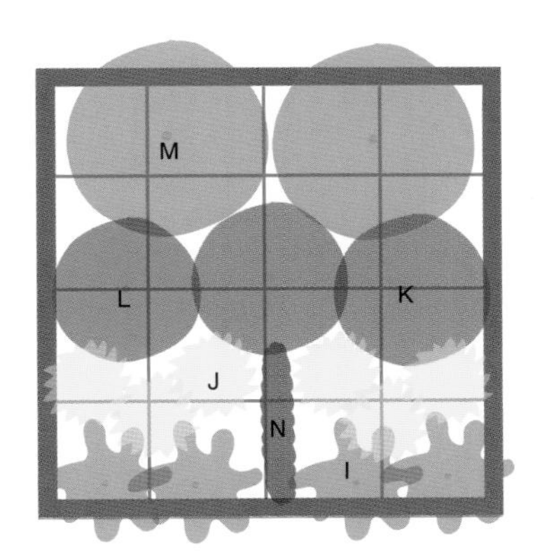

每个方格 = 30 厘米 × 30 厘米

植物清单

A. 8株 六倍利(*Lobelia erinus*)：一年生植物

B. 5株 罗勒(*Ocimum basilicum*)：一年生植物

C. 2株 桂竹香(*Erysimum cheiri*)：一年生植物

D. 4株 百日菊(*Zinnia elegans*)：一年生植物

E. 3株 西蓝花(*Brassica oleracea* var. *italica*)：一年生植物

F. 1丛（3株）荷包豆(*Phaseolus coccineus*)：一年生植物

G. 1丛（3株）黄瓜(*Cucumis sativus*)：一年生植物

H. 1包 豌豆(*Pisum sativum*)的种子：一年生植物

I. 4株 旱金莲(*Tropaeolum majus*)：一年生植物

J. 6株 黄色的细叶万寿菊(*Tagetes tenuifolia*)：一年生植物

K. 2株 辣椒(*Capsicum annuum*)：一年生植物

L. 1株 茄子(*Solanum melongena*)：一年生植物

M. 2株 番茄(*Lycopersicon esculentum*)：一年生植物

N. 12株 洋葱(*Allium cepa*)：一年生植物

花园大智"汇"

最小的空间，最大的收获

大多数可食用植物都非常适于生长在有限空间内，示例中的这种小型花坛。另外，可以引导植株顺着格架向上生长。

然而，小部分可食用植物需要比这个花坛更大的空间生长。例如玉米，由于其为特殊的异花授粉植物，所以必须成片种植。而南瓜的藤条可以长满整座花园。如果将它种植在小型花坛中，它们的枝条会伸出花坛爬到步道上。大多数瓜类以及南瓜等都需要一定的空间供枝条伸长。

对于这种小型花坛，可以种植一些藤茎类的蔬菜，形成丛簇。成簇的黄瓜和西葫芦的枝条伸展范围为60～90厘米，其大小非常适宜。

第九章

万物皆有时

好钢要用在刀刃上，就用植物景观来庆祝季节的交替吧。尝试用迸发出的色彩和芬芳来诠释春季花园，打造在炎热和干旱季节中景色始终如一的夏季花园，或是布满秋色美景的秋季花园。本章中介绍的所有这些花坛或花境都可独立成景，也可以将它们纳入某个大型花坛或花境中，每年可以有一两个月时间展现出它们的美丽。对于较小的空间，营造出爆炸性的景观效果是绝佳的方法，这会让你在整个生长季都能持续享受美妙的花园生活。

A Bounty of Bulbs
种球赏金

坐在树下，享受着这些球根花卉组合带来的春天的亮丽风景和沁人芬芳。

用最早的色彩风暴来迎接春季的到来——红色的郁金香、黄色的洋水仙、紫色的葡萄风信子，还有那散发着浓郁芬芳的荷兰风信子。

两张舒适的躺椅，四周包围着盛开的球根花卉，在花园中开辟出一个舒适的生态休闲区。

花园中最主要的植物是郁金香和洋水仙，同时还有蓝壶花（葡萄风信子）——这种体型较小的球根花卉开着一串串宛如葡萄般的小花。这些花可以年复一年地开放。

它们与荷兰风信子相互映衬。荷兰风信子的株高可达2.4～3米，大大的椭圆形的花头散发出非常美妙的香味（若将种着1株或2株以上的盛开的荷兰风信子放在室内，大多数人会觉得香味过于浓烈）。如果想完全让自己沉浸在芳香四溢的花园中，可以用更多的荷兰风信子替代郁金香。

几块大岩石为花园平添了几分自然元素，然而你可以根据自己的喜好来选择到底放什么。例如，可以在放置岩石的地方种上更多的球根花卉或是灌木，或是种上一两株小型花灌木也很漂亮。

植物清单

A. 5株 风信子(*Hyacinthus orientalis*)：适生区4-8

B. 50株 亚美尼亚蓝壶花（亚美尼亚葡萄风信子）(*Muscari armeniacum*)（10组，每组5株）：适生区3-8

C. 70株 水仙。例如‘阿尔弗雷德大帝’水仙(*Narcissus*‘King Alfred’)（14组，每组5株）：适生区3-10

D. 40株 郁金香（达尔文杂交群品种）。例如‘阿珀尔多伦’郁金香(*Tulipa*‘Apeldoorn’)（8组，每组5株）：适生区4-8

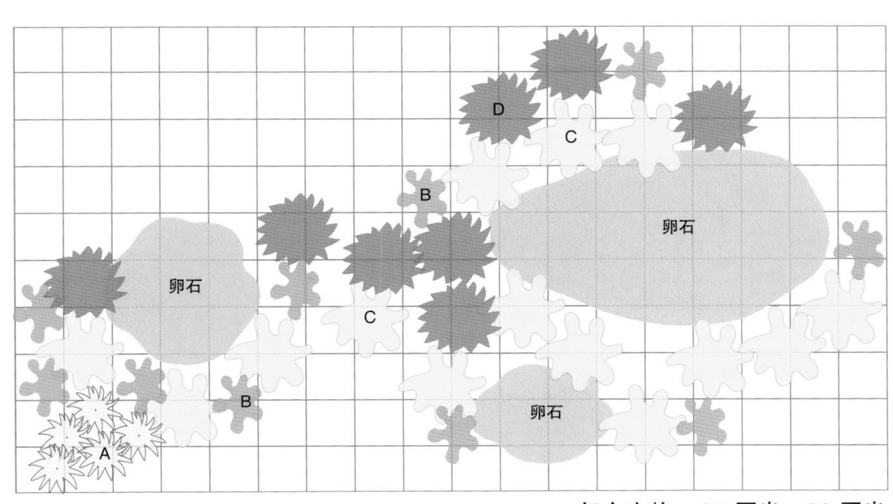

每个方格 = 30 厘米 × 30 厘米

花园大智“汇”

让种球更棒

排水性好。大多数球根花卉的原生地多为碎石遍布的山坡。如果种植在重黏土或湿度较大的地区，它们会腐烂。将种球种植在高抬式花坛中，或是用堆肥进行土壤改良，降低土壤的黏度。

仲秋时节种植。大多数地区，多数春季开花的球根花卉的理想种植时间是仲秋。用铁铲将土壤翻耕好，种植坑的深度应比实际种植深度多几英寸，以保证排水性良好。

种植点向上。按标签上注明的种植深度来种植，应从种球的底部向上测量。

老球替换方案。大多数新种下的春季开花的种球第二年都会再次开花，随着时间的推移会繁殖出小球。但是应注意，郁金香和风信子在第一年开花效果最好，而第二年会稍欠缺，第三年会逐渐死亡。根据需要应及时补种新球。

Try Terrific Tropicals 奇妙的热带乐园

8月份的高温高湿让你感觉到仿佛身处茂密的丛林中。毫无疑问，这些热带本土植物喜欢这样的气候条件。

当夏季最让人头疼的高温高湿季节到来时，这种原产于极其闷热、潮湿地区的植物，达到了它们的活力巅峰。

美人蕉是这座花园中的明星。其原产于亚洲东南部的热带地区，株高可达1.2～2米。硕大的花朵有黄色、橙色、桃红色、红色、粉色以及乳白色。

它们的叶片同样惊艳至极。‘比勒陀利亚’（‘Pretoria’）绿色的叶片上带有淡柠檬色的条纹，极为华丽。‘热带’（‘Tropicanna’）的叶片正如其名，绿色、黄色、粉色和红色的条纹五彩斑斓。‘孟加拉虎’（‘Bengal Tiger’）那乳白色与绿色条纹的叶片从紫色的茎杆处呈扇形向外伸展着。

种植美人蕉这种大型根茎类植物最适宜的季节是春季，在霜冻期完全过去之后。与很多热带植物一样，它们的需水量很大，如果每周的降雨量小于2.5厘米，则需要及时浇水。

在美国最温暖的地区，即适生区8–11，美人蕉可多年生长。在其他地区，则作为一年生植物种植，或是将其根茎挖出贮藏越冬。

这座花园中其他的植物均为配角。淡黄绿色的北美香柏，深金黄色的黑心金光菊以及紫色或亮粉色的醉蝶花，这些更为热烈的热带色彩与美人蕉争奇斗艳。

喷泉是热带植物花园中最棒的焦点景观。飞溅的流水让人不禁联想到热带丛林中的河流，仿佛置身于苍翠茂密的绿色天堂。

植物清单

A. 6株 橙色的美人蕉。例如‘比勒陀利亚’美人蕉(*Canna*‘Pretoria’)：适生区8–11，其余地区为一年生植物

B. 1株 圆锥绣球(*Hydrangea paniculata*)：适生区4–8

C. 3株 醉蝶花(*Cleome hassleriana*)：一年生植物

D. 4株 白色的天蓝绣球（宿根福禄考）。例如‘大卫’天蓝绣球(*Phlox paniculata*‘David’)：适生区4–8

E. 1株 绣球。例如‘夏日丽人’绣球(*Hydrangea macrophylla*‘All Summer Beauty’)：适生区6–9

F. 8株 全缘金光菊(*Rudbeckia fulgida*)：适生区4–9

G. 5株 西伯利亚鸢尾(*Iris sibirica*)：适生区4–9

H. 1株 北美香柏。例如‘金货’北美香柏(*Thuja occidentalis*‘Gold Cargo’)：适生区3–7

I. 1株 龙舌兰(*Agave* spp.)：适生区4–10，依种类而定

J. 3株 萱草(*Hemerocallishybrids*)：适生区3–10

K. 3株 粉色的天蓝绣球（宿根福禄考）。例如‘伊芙·卡勒姆’天蓝绣球(*Phlox paniculata*‘Eve Cullum’)：适生区4–8

L. 4株 亮粉色的美人蕉。比如‘粉红前景’美人蕉(*Canna*‘Pink Futurity’)：适生区8–11，其余地区为一年生植物

热亚海芋

超级植物巨星

其他带异域风情的植物

金凤花（别名黄金凤、蛱蝶花、黄蝴蝶）(*Caesalpinia pulcherrima*)

呈灌木状的植株，花朵形状复杂惊艳。适生区8–11，其余地区为一年生植物，或是将其挖出贮藏越冬。

雄黄兰(又名火星花) (*Crocosmia × crocosmiiflora*)

带状叶片其尖顶带有橙色、红色或黄色。适生区5–9。

热亚海芋 (*Alocasia macrorrhizos*)

其名称来源于绿色或黑紫色的大叶片。适生区8–11，其余地区为一年生植物，或是将其挖出贮藏越冬。

肉色西番莲 (*Passiflora incarnata*)

其藤条可攀爬至6米。西番莲的花形复杂得令人惊奇，花色有蓝色、紫色和粉色以及超凡脱俗的白色。适生区6–10。

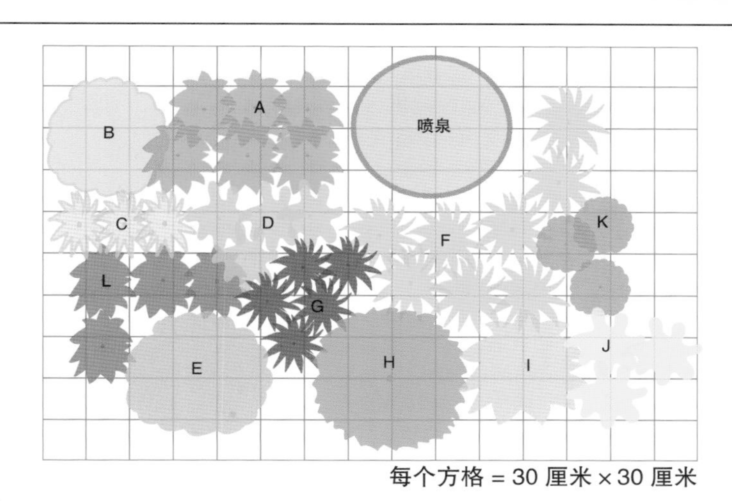

每个方格 = 30 厘米 × 30 厘米

A Midsummer Day's Dream 仲夏节之梦

在漫长而炎热的夏末，也可以拥有一座葱翠多彩的花园。

虽然最后一场雨已经远去而成为记忆，太阳仍然无情地照射着大地。在夏末，你最需要它的时刻，这座花园依然展现出属于自己的美丽。

不必惊讶这些本土植物能够经受住夏末严酷的自然环境。它们已经适应了在自然界提供的雨水下（也许未能提供）茁壮生长，并避开讨厌的病虫害。

这时春季和初夏盛开的花朵已逐渐衰败、凋谢，夏季较晚开花的植物开始登上花园大舞台，尽情展示着它们的美丽。

花园的设计者选择了一些具有超强吸引力的本土植物：紫松果菊、蛇鞭菊、大叶醉鱼草、紫菀、金鸡菊。大叶醉鱼草高高耸立在后面，增添了视觉冲击力，而蜀葵和景天则充当了最完美的配角。

同样，这座花园对蝴蝶也充满了诱惑力。人们期望看见它们在花丛中翩翩起舞。即使是一年中最炎热的三伏天，这座迷人的花园也完全能够带给你全新的景象。

植物清单

A. 1株 矮生的紫菀。例如‘紫色穹顶’美国紫菀(*Aster novae-angliae*‘Purple Dome’)：适生区4–8

B. 2株 金鸡菊。例如‘萨格勒布’轮叶金鸡菊(*Coreopsis verticillata*‘Zagreb’)：适生区4–9

C. 6株 松果菊。例如‘马格努斯’松果菊(*Echinacea purpurea*‘Magnus’)：适生区3–9

D. 3株 蜀葵(*Alcea rosea*)：适生区3–9

E. 6株 白色的蛇鞭菊。例如‘佛罗里斯顿白’蛇鞭菊(*Liatris spicata*‘Floristan White’)：适生区4–9

F. 1株 醉鱼草。例如‘黑骑士’大叶醉鱼草(*Buddleia davidii*‘Black Knight’)：适生区5–9

G. 3株 滨藜叶分药花(*Perovskia atriplicifolia*)：适生区4–9

H. 1株 高的景天。例如‘秋悦’长药景天(*Sedum spectabile*‘Autumn Joy’)：适生区3–10

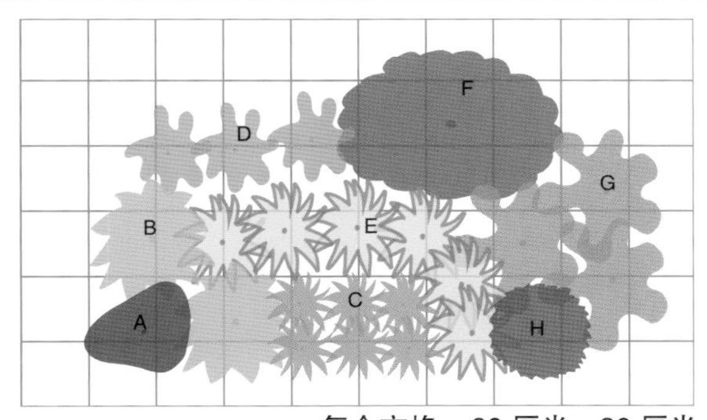

每个方格 = 30 厘米 × 30 厘米

花园大智“汇”

什么是原生植物

原生植物和野生植物之间的区别到底是什么？当一种植物已经被驯化后到底意味着什么？下面的一些专业术语希望能对你的疑问有所帮助。

原生植物。这种植物是本地区（美国的某一地区）原有的，在欧洲移民到来之前就在此地生长了很长时间了。一些植物是某一特定地区独有的，例如在美国东北部或西南部地区。很多原生植物都生长在特殊环境中，例如森林、沼泽、沙漠或草原。

杂交原生植物。该植物源自于某原生植物，但是通过繁育获得更优良的性状。例如原生的一枝黄花非常美丽，但是易于发生霉病，而且植株长得过高而松软耷拉，且枝条长势很快，具有很强的侵占性。杂交品种长得较矮，具有较好的抗霉菌能力，而且枝条伸展速度不会那么快。如果杂交品种开花，其花形通常更大，而且花色和花形更为丰富。通常也会通过繁育来追求获得更长的花期。

野花。这是一个比较宽泛的术语，包括在自然环境中生长的原生植物和非原生植物。当然也包括杂交原生植物。

驯化的植物。通过自然方式生长并容易传播的植物。例如可以在草地中生长的番红花，或是逸出花园，甚至能蔓延生长在河边的萱草。

Fantastic Fall Color
秋色童话

将这些最灿烂的应季植物组合在一起，组成最具震撼效果、五彩缤纷的亮丽景观。

美丽的秋季开花植物如巨人般高耸在花园中。设计师使用了一些瘦高型的植物品种，以保持花园的整洁利落，例如紫菀、一枝黄花以及观赏草。

这座秋季花园使用了株形较矮小、易于养护管理的植物，以确保花园干净整洁。

很多品种的紫菀株高可达到1.2~1.8米，而且枝条生长得很茂密。但是，一些中等类型的品种，例如非常流行的‘Purple Dome’(‘紫色穹顶’)，其株高可控制在60厘米以内，而且可以确保不会疯长出花坛边界。

对于观赏草也是同样的道理。一些观赏草品种可以长到2.4米高，而且极具侵占性，但是银灰色的蓝羊茅株高和冠幅仅为30厘米。株形矮小的一枝黄花很难找到，是非常值得尝试种植的品种。很多品种的一枝黄花可长到1.2米或更高，而且极具侵占性。这里推荐的一些品种都有很好的性状表现，而且株形矮小，也可以用作地被植物。

此设计既可以作为较大型花境中的一个完美区域，也可以单独创建一个小型花境。可以用作前园或后园景观的一部分。当花园中其余的植物都渐渐平静下来时，这个小花坛则正处于生机勃发之时。

超级植物巨星

杰出的秋季观花植物
秋水仙属(*Colchicum* spp.)
偶雏菊属(*Boltonia* spp.)
大丽花属(*Dahlia* spp.)
赛菊芋属(*Heliopsis* spp.)
泽兰属(*Eupatorium* spp.)
圆叶羽衣甘蓝(*Ornamental cabbage*)
观赏草类(*Ornamental grass*)
皱叶羽衣甘蓝(*Ornamental kale*)
三色堇(*Viola tricolor*)

植物清单

A. 5株 婆婆纳。例如'长势良好'穗花婆婆纳(*Veronica spicata*'Goodness Grows'):适生区3–8

B. 2株 蓍草。例如'月光'蓍(*Achillea* 'Moonbeam'):适生区4–8

C. 5株 菊花。例如'小狐狸娜娜'菊(*Chrysanthemum* 'Foxy Nana'):适生区5–9

D. 2株 '紫色穹顶'美国紫菀(*Aster novae-angliae* 'Purple Dome'):适生区4–6

E. 1株 白色的矮生型紫菀。例如'大雪'紫菀(*Aster* 'Snow Flurry'):适生区4–8

F. 3株 一枝黄花。例如'金宝宝'一枝黄花(*Solidago* 'Golden Baby')和'金羊毛'一枝黄花(*Solidago* 'Golden Fleece'):适生区5–9

G. 1株 蓝羊茅。例如'伊利亚蓝'羊茅(*Festuca glauca* 'ElijahBlue'):适生区4–8

H. 1株 绵毛水苏(*Stachys byzantina*):适生区4–8

I. 1株 粉色的紫菀。例如'纪念'美国紫菀(*Aster novae-angliae*'Andenken an Alma P·tschke'):适生区4–8

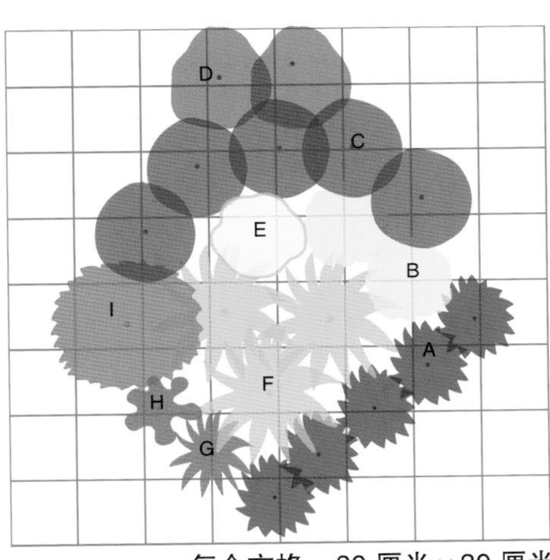

每个方格 = 30 厘米 × 30 厘米

花园大智"汇"

摘心应超过2.5厘米

菊花和紫菀的花朵极为绚丽，但是如果能够在夏初做好修剪工作，它们会更具魅力。

种植菊花，在7月4日前应摘掉正在开放的花头。这样可以保证植株长得更茂密，株型更丰满，花朵更大，而且在稍后的冷凉天气下也可开花，且开得时间更长。

对于株形较高的紫菀（可长到90厘米或更高），在春末，如果植株已长到30厘米或更高，应将其剪掉三分之一至一半。这也有助于植株更浓密、更强健，且不易发生倒伏。

Swayed by Grasses 草色婆娑

耀眼夺目的观赏草为这座秋季花园增添了动感活力。

与其他植物不同，观赏草为秋季花园注入了优雅、妩媚和动感，使其更自然柔美。示例花园中使用亮丽鲜艳的观赏草作为多年生植物的背景。

用高大、直立的观赏草，例如示例中的芒草作为秋季花园的背景植物，增添了垂直层面的景观元素。使用一些蔓生型的观赏草，例如狼尾草，放在花境中间，株形较矮小的观赏草，例如蓝羊茅，则放在花境的最前面。

观赏草最适于放置在水景元素旁边。它们那抚慰的姿态，如流水般有韵律地垂下的枝条，与水景元素可谓是完美的自然组合。任何观赏草都适宜放置在水景旁边，如果放置在花境边上，可以选择蔓生垂吊型的观赏草，例如‘金叶’箱根草。

用观赏草来诠释秋季花园，为了将更多色彩点缀于花园之中，可将秋季开花植物填入到花境的最前面。矮生杜鹃花、麻兰（新西兰麻）、菊花、黑心金光菊、紫菀、天人菊，这些植物无论是花色、叶色，还是形状、纹理，都让花园更加多姿多彩。

当然，这无疑是一个能够保存得最完好的设计。

花园大智“汇”

巧用观赏草

仔细挑选。观赏草通常有两种类型：丛生型和蔓生型。丛生型的观赏草长得非常规矩，而蔓生型的则长势狂野。一些区域种植蔓生型观赏草可以迅速成景，如步道和车道旁边，或其他篱笆墙旁边。

检查植物的耐寒适生区域。不同品种的观赏草其耐寒性有很大的不同。例如，紫色的狼尾草在某些区域可多年生，但是在另外一些地区就只能用作一年生植物了。

种子头可作插花。这些美丽的羽毛状枝条插在花瓶中非常华丽，既可以单独插放，也可以与其他秋天植物的枝条或花朵一起组合插放在花瓶中。

整个冬季都可观赏。直到春季一直将它们留在花园中。它们那干枯的叶片和种子头也非常漂亮。

修剪是最简单的方式。春季，当观赏草萌发出新芽时，应该修剪了，这是一件比较困难的工作。买一把比较便宜的电动绿篱剪，只需花费几分钟就可以把已经纤维化的茎杆剪掉。

植物清单

A. 1株 芒(*Miscanthus sinensis*)：适生区4–9

B. 1株 矮杜鹃(*Rhododendron eriocarpum*)：适生区6–9

C. 1株 麻兰（新西兰麻）(*Phormium tenax*)：适生区7–11*

D. 1株 菊花(*Chrysanthemum* × *morifolium*)：适生区4–9

E. 3株 黑心金光菊(Rudbeckia hirta)：适生区5–10

F. 1株 狼尾草。例如‘哈默尔恩’狼尾草(*Pennisetum alopecuroides* ‘Hameln’)：适生区6–9

G. 1株 荷兰紫菀(*Aster novi-belgii*)：适生区4–6

H. 1株 大花天人菊(*Gaillardia* × *grandiflora*)：适生区3–8

* 在寒冷地区，可替换为各种颜色的德国鸢尾(*Iris germanica*)。

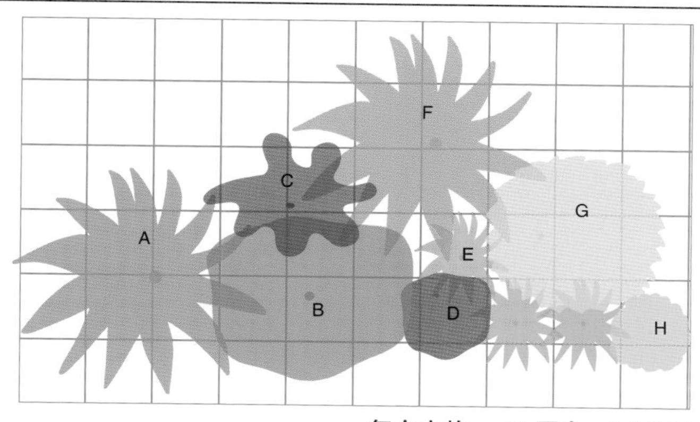

每个方格 = 30 厘米 × 30 厘米

第十章

野生动植物，我们欢迎你

在阳光明媚的日子里，有谁不愿意在花园中欣赏蝴蝶翩翩起舞的美景呢？或是看着鸟儿在巢中照顾它们的孩子？聆听它们在花园开心地鸣叫？

无论是鸟儿、蝴蝶，还是蟾蜍、乌龟，如果你种上这些植物，它们自然会来。在花园中填满那些果实和种子能够吸引鸟儿的花儿、香草植物以及灌木，蝴蝶也会被花蜜深深地吸引。然后放松心情，尽情欣赏花园中的美景吧！

Build a Bird Buffet 鸟儿的自助餐会

鸟儿戏水盆既漂亮又实用，成为此座花园的中心景观，吸引着一些身披羽毛的访客前来聚会！

与人类一样，鸟儿也喜欢在它们居住地附近能够找到水和食物。可以通过花园中的植物来为它们提供食物，同时用一个有特色的戏水盆来装上水供鸟儿饮用。

一年生植物、多年生植物以及灌木的搭配混合，确保为鸟儿提供了绝佳的庇护所。种子、浆果以及昆虫都为来访的鸟儿提供食物。

示例花园中的一些一年生植物，例如万寿菊和百日菊，在夏末会结籽，可以为鸟儿提供美味可口的大餐。

本土植物，例如花葱，当鸟儿在觅食时为它们提供庇护所，金露梅同样如此。香雪球和一年蓬可以吸引鸟儿最爱吃的昆虫。而且无论是结果还是掉落的种子鸟儿都喜欢啄咬。那些掉在地上没有被鸟儿吃掉的种子来年还会重新发芽长出更多的植物。

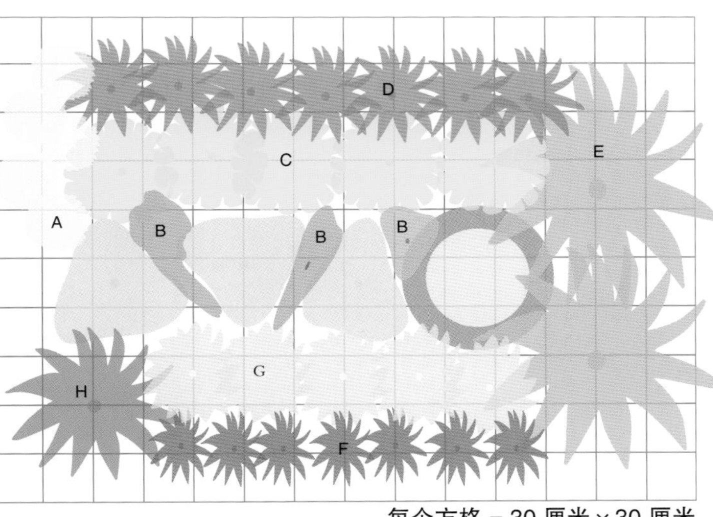

植物清单

A. 5株 香雪球(*Lobularia maritima*)：一年生植物

B. 3株 亚洲百里香（柠檬百里香）(*Thymus serpyllum*)：适生区5–10

C. 5株 万寿菊。例如‘印加’万寿菊(*Tagetes erecta* ‘Inca’)：一年生植物

D. 7株 紧凑型的百日菊。例如缤纷系列(*Profusion Series*)：一年生植物

E. 2株 金露梅。例如‘阿博茨坞’金露梅(*Potentilla fruticosa* ‘Abbotswood’)：适生区2–6

F. 7株 蓝花鼠尾草(*Salvia farinacea*)：适生区7–11，其余地区为一年生植物

G. 5株 一年蓬(*Erigeron annuus*)：可以自由播种繁殖的一年生植物

H. 1株 花葱。例如‘通天梯’花葱(*Polemonium caeruleum* ‘Stairway to Heaven’)：适生区3–7

花园大智“汇”

如何设置鸟儿戏水盆

选择一个蓄满水后水深不超过5厘米的水盆供鸟儿戏水。把它放置在灌木或低矮的树木旁边，以便鸟儿嬉戏玩耍过后可以站在枝条上整理羽毛，并把弄湿的羽毛舔干。而且有些鸟儿非常喜欢灌木丛，那是它们的庇护所。

鸟儿不喜欢死水。每天应更换盆中的水。如果水中已经滋生水藻，应将水倒掉，然后用热肥皂水和漂白剂混合后擦拭水盆，最后将水盆冲洗干净。（示例花园中，为了方便走近水盆进行保养清理，用石板铺设了一条便道，在实际操作中，无论用什么材料都行。）

为了吸引更多的鸟儿，可以考虑为水盆配一个滴头。鸟儿非常容易被滴水声所吸引。

冬季，可以安装一个热水器以保证水盆可以一直“工作”。这样前来越冬的鸟儿也会聚到花园中。

Plant a Hub for Hummers
哼哼歌手之家

这座五彩斑斓的喜阳植物花园吸引了蜂鸟和蝴蝶前来。

一条小步道带你走进这座曲曲折折的小花园。姿态优雅的植物装饰着花园，让你完全投入其中尽情享受花园美景。

随意种植的植物到夏末时达到顶峰，花园中充满了生机，然而，一些有趣的植物从春季就开始勃发向上了。（为了早春花园富有情趣，不妨在这些多年生植物中塞上几株郁金香和洋水仙。）

这个设计中充满了能够吸引蜂鸟的植物组合，当然对那些歌唱的鸟儿以及蝴蝶同样具有吸引力。美国薄荷（香蜂草）有着蜂鸟极喜爱的甜甜的花蜜，同样，柳叶马鞭草以及雄黄兰也拥有这种美味的花蜜。

蝴蝶同样对这座花园充满了兴趣。因为通常能够吸引蜂鸟的植物也能够吸引蝴蝶。同时，琉璃苣对于蝴蝶幼虫来说也是极佳的寄主植物。

花园一旦建成就坐等着享受“红利”吧，但是需要额外地浇一点水，以保证花园景观看上去更完美。春季应在地面铺洒一层覆盖物，不仅可以防止生长杂草，还可以保持土壤的湿度。

植物清单

A. 1株 琉璃苣(*Borago officinalis*)：一年生植物

B. 11株 珠蓍(*Achillea ptarmica*)：适生区3–8

C. 6株 旱金莲(*Tropaeolum majus*)：一年生植物

D. 4株 蓍草。例如‘帕克变幻’凤尾蓍(*Achillea filipendulina*‘Parker’s Variety’)：适生区4–8

E. 3株 美国薄荷（香蜂草）。例如‘雅各布·克兰’美国薄荷(*Monarda didyma*‘Jacob Kline’)：适生区4–9

F. 5株 雄黄兰。例如‘路西法’雄黄兰(*Crocosmia* × *crocosmiiflora*‘Lucifer’)：适生区6–9

G. 3株 柳叶马鞭草(*Verbena bonariensis*)：适生区7–11，其余地区为一年生植物

H. 2株 硬叶蓝刺头(*Echinops ritro*)：适生区3–9

I. 1株 西伯利亚鸢尾(*Iris sibirica*)：适生区3–9，依种类而定

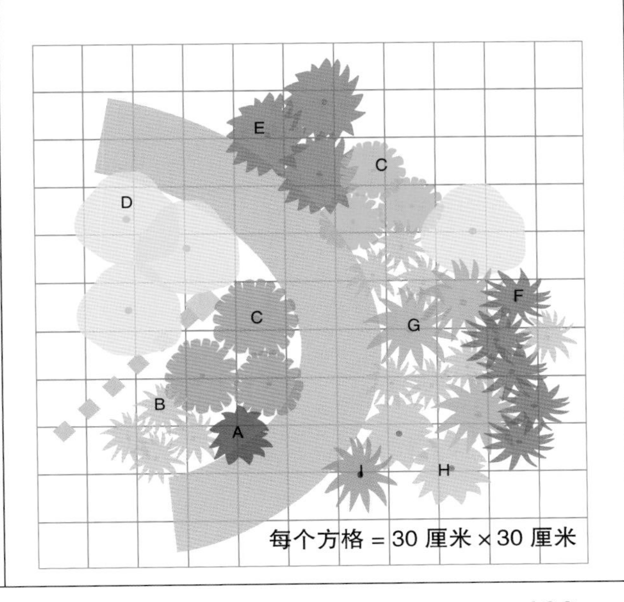

花园大智“汇”

可爱的小蜜蜂

很多依靠美味的花蜜来吸引蝴蝶的植物，同样也能吸引蜜蜂。这点给许多园艺师带来了困扰，但是记住，蜜蜂仅仅当被激怒时才会蜇人。在这个星球上大多数开花植物都要通过蜜蜂来进行授粉，它们对于生态系统来说非常重要。

Lure Butterflies with Annuals 蝴蝶的诱惑

通过种植这些易于栽培而且价格低廉的一年生植物，仅需几周你就可以看到蝴蝶在花园中轻轻飞过了。

花园中用各色富含花蜜的一年生植物来吸引蝴蝶。最好从种子开始种植这些植物，这样既节约了一大笔开支又能获得巨大的回报。

在这座花园中由一年生植物来提供蝴蝶喜欢的亮丽色彩和花蜜，例如繁星花、百日菊、鼠尾草、大波斯菊、圆叶肿柄菊以及万寿菊。

蝴蝶同样需要水。与鸟儿不同，蝴蝶不喜欢从开放式的水源处饮水，而喜欢露珠或潮湿的土壤。它们喜欢啜饮沙地或泥泞的河堤、水洼中析出的盐水。本设计采用一个浅碟盛上一些湿沙子来模拟它们喜欢的场景。

为了让花园能够吸引更多蝴蝶前来，可以为蝴蝶幼虫准备一些它们喜欢的植物。一些优秀的寄主植物能够迎合毛毛虫（又称蝴蝶幼虫）的需要，例如马利筋属植物以及欧芹、莳萝、茴香、罗勒和牛至。蝴蝶非常喜欢在这些寄主植物上面产卵。这些卵可以孵化成毛毛虫——当它们大声咀嚼叶片时你可要宽容一些哟。

植物清单

A. 3株 五星花(*Pentas lanceolata*)：适生区9–10，其余地区为一年生植物

B. 5株 蛇目菊(*Sanvitalia procumbens*)：一年生植物

C. 5株 蓝花鼠尾草。例如‘维多利亚蓝’鼠尾草(*Salvia farinacea* ‘Victoria Blue’)：适生区7–11，其余地区为一年生植物

D. 8株 硫华菊。例如‘小瓢虫’硫华菊(*Cosmos sulphureus* ‘Little Ladybird’)：一年生植物

E. 2株 醉蝶花。例如‘玫红皇后’醉蝶花(*Cleome hasslerana* ‘Rose Queen’)：一年生植物

F. 3株 圆叶肿柄菊(*Tithonia rotundifolia*)：一年生植物

G. 11株 高株型的百日菊。例如‘盛宴’百日菊(*Zinnia elegans* ‘Cut and Come Again’)：一年生植物

H. 6株 紧凑型的百日菊。例如‘缤纷’系列(*Profusion Series*)：一年生植物

I. 7株 孔雀草。例如‘阳光男孩’孔雀草(*Tagetes patula* ‘Yellow Boy’)：一年生植物

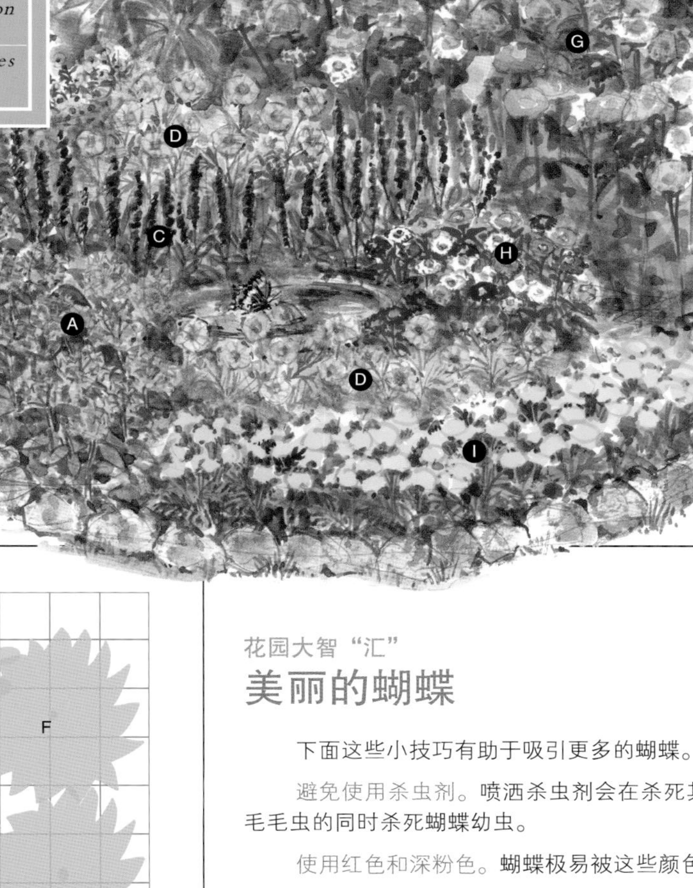

每个方格 = 30 厘米 × 30 厘米

花园大智“汇”

美丽的蝴蝶

下面这些小技巧有助于吸引更多的蝴蝶。

避免使用杀虫剂。喷洒杀虫剂会在杀死其他有害的毛毛虫的同时杀死蝴蝶幼虫。

使用红色和深粉色。蝴蝶极易被这些颜色吸引。

大色块种植。将几打喜欢的一年生植物或一打多年生植物种植在一起。蝴蝶更喜欢这种大色块种植。

全日照花园。大多数能够吸引蝴蝶的植物都需要全日照。在温暖的阳光照射下蝴蝶也会感到特别舒适，它们的体内会感受到温暖。

增添一些石块。能够捕捉到早上温暖的阳光的石块特别有用。蝴蝶会被这些带有反射热的石块吸引。

图书在版编目（CIP）数据

花坛与花境设计 / 美好家园编著；周洁译. —武汉：湖北科学技术出版社, 2016.9（2024.5,重印）

ISBN 978-7-5352-8243-9

Ⅰ.①花… Ⅱ.①美… ②周… Ⅲ.①花卉－观赏园艺－图集 Ⅳ.①S68-64

中国版本图书馆CIP数据核字(2015)第223460号

责任编辑：张丽婷
封面设计：胡　博
出版发行：湖北科学技术出版社
地　　址：武汉市雄楚大街268号
（湖北出版文化城B座13－14层）
电　　话：027-87679468
网　　址：http://www.hbstp.com.cn
邮　　编：430070
印　　刷：湖北新华印务有限公司
开　　本：889×1092　1/16
印　　张：9
字　　数：200千字
版　　次：2016年9月第1版
印　　次：2024年5月第8次印刷
定　　价：48.00元